犹太人凭什么成功

——犹太人成功的10大法则

华业⊙编著

中国商业出版社

图书在版编目（CIP）数据

犹太人凭什么成功 / 华业编著 . — 北京：中国商业出版社，2008.3

ISBN 978-7-5044-6099-8

Ⅰ . ①犹… Ⅱ . ①华… Ⅲ . ①犹太人—成功心理学—通俗读物 Ⅳ . ① B848.4-49

中国版本图书馆 CIP 数据核字（2008）第 022938 号

责任编辑：唐伟荣

中国商业出版社出版发行

010-63180647　www.c-cbook.com

（100053　北京广安门内报国寺 1 号）

新华书店经销

天津冠豪恒胜业印刷有限公司印刷

*

710 毫米 ×1000 毫米　16 开　15 印张　200 千字

2008 年 4 月第 1 版　　2019 年 6 月第 2 次印刷

定价：48.00 元

*　*　*　*

前言
PREFACE

在人类历史的长河中，犹太人沉默过，但是从未真正消亡过。犹太人是世界上最聪明、最神秘、最富有的民族之一，犹太商人以其独特的经营技巧摘取了“世界第一商人”的桂冠。然而犹太人是怎样成功的呢？这一个问题引起了全世界人的广泛关注和研究。

《犹太人凭什么成功——犹太人成功的十大法则》一书主要从以下十个方面进行阐述：

比起知识来，更重视智慧；

在整个人生中坚持学习；

知识胜过金钱，永远不会被夺走；

把逆境看作人生机遇；

比起金钱来，更重视时间；

憎恶权威，不会成为权威；

快乐人生，善待自己；

倾听比说话重要；

保持与其他人不同的立场；

绝不虐待金钱：从不需要本钱的事情开始。

这十个方面演绎了犹太人不同于其他民族的成功秘诀。

有权威人士曾这样告诉世人：

犹太人富豪在家打个喷嚏，世界上所有的银行都将引起感冒；五个犹太财团坐在一起，便能控制整个人类的黄金市场。当今美国人流行一句话："美国的钱装在犹太人的口袋中。"犹太人正是拥有了这种气魄，才在商战中创造了辉煌，获得了成功。

一书在手，犹太人的成功秘诀尽览无余，品味了他人的成功才更知道成功的意义。

他山之石，可以攻玉。衷心希望本书能伴随着商海中的广大读者朋友一起拼搏，从而助你取得事业的成功。

作者

2008年3月

目录
CONTENTS

第一章

比起知识来，更重视智慧

1. 与知识相比，更重视智慧

如果有人问犹太人这样一个问题："人最重要的是什么？"犹太人一定会回答说："是智慧。"

智慧来自犹太人的宗教传统，所以在犹太人的心中，占有举足轻重的地位。

犹太人不断地受到迫害，房子、财产犹如昙花一现，所有的犹太人都并不以此为重。一般来说，在犹太儿童还没有长大成人之前，他们的父母就会深刻地教育他们，智慧比财富和地位都更重要。

"假如有一天，你的房子被烧毁，你的财产被抢光，你将带着什么东西逃跑呢？"母亲问。

"钱。"一个孩子回答说。

"钻石。"另一个孩子这样说。

"有一种没有形状、没有颜色、没有气味的东西，你们知道是什么吗？"母亲继续问。

孩子们左思右想，却还是找不到答案。

母亲笑了，接下去说："孩子们，你们要带走的东西不是钱，也不是钻石，而是智慧。智慧是任何人都抢不走的，只要是你还活着，智慧就永远跟随着你，无论逃到什么地方你都不会失去它。"

许多犹太母亲都这样教育过自己的孩子。所以，关于智慧的观念是深深扎根在犹太人的心中的。在犹太人的社会中，几乎每个人都认为，学者远比国王伟大，也远比富翁伟大。

希伯来语称有智慧的人为“赫黑姆”。赫黑姆是指具有“赫夫玛（智慧）”，且能使用智慧的人。如同古代许多伟大的拉比出身低微一样，赫黑姆也不一定是来自知识阶级，曾经有很多知名的赫黑姆是肉摊子或果菜行的老板，他们出身都很卑微。

在众多有智慧的人当中，最有智慧的，被称作“塔尔米得·赫黑姆”，意为精通犹太法典者。他们对《犹太法典》和《犹太教则》都很有研究。犹太人认为，任何头衔都不能形容这种有智慧的人，同时，其他正规的教义也都培养不出这种人才来。

在犹太社会中，当一个年轻的学生，逐渐累积知识、发挥知性、培养洞察力，并且开始了解到一个人必须谦虚时，他就可以被称为“赫黑姆”。犹太人一方面重视学识，另一方面也很重视谦虚的态度，这两者是并重的。一个人终身都不忘学习，一刻也不懈怠，到了大多数人都认为他很有智慧时，他便能被称为塔尔米得·赫黑姆。

在犹太民族中，塔尔米得·赫黑姆都不必缴税。

因为犹太人认为他们已经付出很多心力，对于整个社会有着莫大的贡献，所以不但不让他们缴税，反而以整个社会的力量去帮助他们。

有一句犹太谚语这样说：“赫黑姆和富翁谁伟大？当然是赫黑姆了。因为赫黑姆知道金钱的可贵，但有钱人却不知道智慧的可贵。”

在犹太人心中，学者才是人们尊敬的中心。把学者置于一切人甚至国王之上，就可以看出犹太民族是多么地注重智慧。这一点是犹太民族可引以为自豪的传统，因为其他民族大都把王侯、贵族、军人或商人的地位放在学者之上。

犹太人认为，学习知识的目的是增长智慧。

犹太民族非常看重学问，但是与智慧相比，学问也略低一筹，他们把仅有知识而没有智慧的人，比喻为“背着很多书本的驴子”。在犹太人看来，这种人即使有许多知识，也派不上用场。而且，知识必须为善，用知识做坏事，知识反而有害了。为此，犹太人认为，知识是为磨炼智慧而存在的。假如只是收集很多知识而不消化，就等于徒然堆积许多书本而不用，同样是一种浪费。

犹太人也蔑视一般的学习，他们认为一般的学习只是一味模仿，而不是任何的创新。实际上，学习应该是思考的基础。

正因为如此，《犹太法典》上说："学识及能力，都像是价值最昂贵的怀表。"

2. 愈有智慧的人愈谦虚

不管你有多能干，人必须谦虚，智慧和谦虚若联合在一起，那才是真正的智者。

一位伟大的拉比，名叫以色列·班·爱里瑟尔，亦名巴尔·谢姆·特夫，曾经写了下面的一则故事：

有一天，一位弟子问巴尔·谢姆·特夫："老师，你曾经说过，到处都有真理，那么，真理这种东西是否就像马路上的小石子，那么平常，那么多呢？"

"正是如此。"巴尔·谢姆·特夫回答："所以，每一个人都可以捡到真理。"

"大家为什么不去捡呢？"弟子继续问。

这时，巴尔·谢姆·特夫回答："人要捡拾像小石子那么多、那么小的东西时，必定都要弯腰，但是人是很难于弯腰的。"

"巴尔·谢姆"是对神授予特殊力量的人的一种称呼，而上面这位巴尔·谢姆·特夫曾经拥有1万个愿意为他献身的弟子，所以，在18世纪的东欧，他是一个非常活跃的犹太拉比。

在犹太人心目中，智慧和谦虚是分不开的。一个人如果认为自己是幸福的人，那他必定是幸福的。可是，如果他自以为是聪明人，那他一定是个愚蠢的人。因为葡萄长得愈丰硕，就愈会俯下头来；同样的道理，愈有智慧的人，便愈会谦虚，只有那些智慧不多的人才会想着夸耀自己。

犹太人认为，不要将学识、能力无缘无故地拿出来炫耀，只有在必要的时候，才示之于众，如果轻易示于人的智者，并不一定是真正的智者。

3. 智慧重于出身门第

犹太人只重视个人的智慧力量，而不看重出身门第的高低。

有一则小故事，故事中出现两个犹太人，一个是以自己家世为荣的青年，另一个则是一贫如洗的牧羊人。

当富翁的儿子夸耀自己的祖先之后，牧羊人说："原来你是那样伟大祖先的后裔啊！不过，你要知道，如果你是你们家族中的最后一个人，那我就是我们家族的祖先。"

在犹太社会中，"家"的存在具有很大的意义，它因学问、慈善行为及对于地域社会的贡献程度而有所差别，但是，其中最重要的是"学问"。金钱、事业上的成功，对于"家"的荣誉并不是很重要的因素。

拉比约书亚是一个博学而朴实的学者。

一天，哈德良皇帝的女儿对拉比约书亚说道："一个那么伟大的智者却出生在如此丑陋的人家里！"

约书亚回答道："在你父亲的宫殿里好好学学吧。葡萄酒装在什么样的容器里？"

公主答道："装在陶罐里。"

“陶罐！但那是普通老百姓用的，”学者说，“你应该把葡萄酒放在金银器皿里。”

于是，公主把葡萄酒从陶罐里倒出来，装到了金罐和银罐中，不久，所有的葡萄酒都酸了。

约书亚对公主说：“你看，律法经也是如此，人的智慧也一样。”

“难道没有既出身好又博学的人吗？”

“有，”约书亚反驳道，“但如果出身艰苦一些的话，他们的学问会更大！”

出身富家，或出身富贵的人，并不一定都有学问，因此犹太人中，穷人遇到富豪子弟时，不会自卑，更不会觉得有什么可怕，但是遇到有知识的人时，无论是穷人还是富人都对他非常的敬重，这是因为犹太人只重个人的才华和智慧，而不会去看他的家庭和出身。

事实上，有很多著名的犹太人，出身都很卑微，如木匠、石工或牧羊人等，其中最具代表性的希勒尔是木匠，亚基巴是牧羊人。他们之所以能够成为犹太人中的杰出人物，就是因为他们自身的能力所致。而犹太民族中智慧重于门第出身的观念则为他们的脱颖而出提供了一个大环境。

正是因为犹太人重个人智慧而不重门第出身，才使犹太民族产生了许多杰出的人物。而这一观念体现在人际交往中，犹太民族则在日常生活中很少有门第观念，在人与人交往中，犹太人少有趋炎附势之举，出身好的人也难以依靠出身攫取社会地位，或者取得什么其他优势，人们都是依靠勤劳和智慧获得个人地位。

个人智慧重于门第出身是犹太人处世的重要观念，它激励了许多出身不好的人去积极进取，也体现了社会公平的原则。

4. 犹太人的生意经是智慧的生意经

犹太人是一个酷爱智慧的民族，其他不说，就拿商人来讲，在实业界中专执金融这个牛耳就足以证明这一点。不过智慧这个词也属于模糊概念，范围极大，定义又不清，到底什么是智慧，可能各有各的说法，那么在犹太商人看来，什么是智慧呢?

犹太人有则笑话，谈的是智慧与财富的关系。

两位拉比在交谈：

“智慧与金钱，哪一样更重要？”

“当然是智慧更重要。”

“既然如此，有智慧的人为何要为富人做事呢？而富人却不为有智慧的人做事？大家都看到，学者、哲学家老是在讨好富人，而富人却对有智慧的人露出狂态呢？”

“这很简单。有智慧的人知道金钱的价值，而富人却不懂得智慧的重要呀！”

拉比即为犹太教教士，也是犹太人生活一切方面的“教师”，经常被作为智者的同义词。所以，这则笑话实际上也就是“智者说智”。

拉比的说法不能说没有道理，知道金钱的价值，才会去为富人做事，而不知道智慧的价值，才会在智者面前露出狂态。但笑话明显的调侃意味又体现在哪里呢？就体现在这个内在悖谬之上：

有智慧的人既然知道金钱的价值，为何不能运用自己的智慧去获得金钱呢？知道金钱的价值，但却只会靠为富人效力而获得一点带“嗟来之食”味道的酬劳，这样的智慧又有什么用，又称得上什么智慧呢?

所以，学者、哲学家的智慧或许也可以称作智慧，但不是真正的智慧，因为它同它知道其价值并甘愿为其做奴仆的金钱无缘。在金钱的狂态面前俯首贴耳的智慧，是不可能比金钱重要的。

相反，富人没有学者之类的智慧，但他却能驾驭金钱，却有聚敛金钱的智慧，却有通过金钱去役使学者智慧的智慧。这才是真正的智慧。有了这种智慧，没钱可以变得有钱，没有“智慧”可以变得有“智慧”，这样的智慧不是比金钱，同时也比“智慧”更重要吗？

不过，这样一来，金钱又成了智慧的尺度，金钱又变得比智慧更为重要了。其实，两者并不矛盾：活的钱即能不断生利的钱，比死的智慧即不能生钱的智慧重要；但活的智慧即能够生钱的智慧，则比死的钱即单纯的财富——不能生钱的钱——重要。那么，活的智慧与活的钱相比哪一样重要呢？无论从这则笑话的演绎还是从犹太商人实际经营活动的归纳，我们都只能得出一个回答：

智慧只有化入金钱之中，才是活的智慧，钱只有化入了智慧之后，才是活的钱；活的智慧和活的钱难分伯仲，因为它们本来就是一回事：它们同样都是智慧与钱的圆满结合。

智慧与金钱的同在与同一，使犹太商人成了最有智慧的商人、使他们的经营之道成了智慧的生意经：犹太人的生意经是让人在做生意的过程中越做越聪明而不是迷失的生意经！

5. 精明本身就是智慧的代名词

犹太人的精明是世人皆知的，当然，促使犹太人精明有诸多原因，其中有一个极为重要且独具特性的因素，是犹太人对精明本身的心态。

世界各国各民族中都不乏精明之人，这是毫无疑义的，虽然相互比较起来还有个程度的不同，但对精明本身的态度却大不一样。中国人不可谓不精明，能精明到悟出“大智若愚”的程度，可以说精明已臻于极境，然而，正是从“大智”需要“若愚”可以反窥出在中国人的心态中，精明是一种适宜于在阴暗角落中生存的物种，中国人的典故中多的是“聪明反被聪明误”的训诫，同时反映出：“精明”在中国文化心态中多多少少有点像个丑角。而犹太人则不同。

犹太人不但极为欣赏和推崇精明，而且是堂堂正正地欣赏、推崇，就像他们对钱的心态一样。在犹太人的心目中，精明似乎也是一种自在之物，精明可以以“为精明而精明”的形式存在。这当然不是说，精明可以精明得没有实效，而是指除了实效之外，其他的价值尺度一般难以用来衡量精明，精明不需要低头垂首地在宗教或道德法庭上受审或听训斥。下面这则笑话可以说最为生动而集中地显现了犹太人的这种心态。

美国和苏联两国成功地进行了载人火箭飞行之后，德国、法国和以色列也联合拟订了月球旅行计划。火箭与太空舱都制造就绪，接下来就是挑选太空飞行员了。

工作人员先问德国应征人员，在什么待遇下才肯参加太空飞行。

“给我3000美元，我就干。”德国男子说，“1000美元我留着自己用，1000美元给我妻子，还有1000美元用做购房基金。”

工作人员接下来又问法国应征者，他答道：

“给我4000美元。1000美元归我自己，1000美元给我妻子，1000美元归还购房的贷款，还有1000美元给我的情人。”

以色列的应征者则答道：

“5000美元我才干。1000美元给你，1000美元归我，其余的3000美元雇德国人开太空船！”

由这则笑话透露出来的犹太人的精明，用不着我们多说了，犹太人不须从事实务（开太空船）而只需摆弄数字，而且是金融数字就可以享有与高风险工作从事者同样的待遇，这正是犹太人风格中最显著的特色之一。

令人意外的是，这不是其他民族对犹太人出格的精明的一种刻薄讽刺，而是犹太人自己编的笑话。

平心而论，犹太人并没有盘剥德国人，德国人仍然可以得到他开价的3000美元，至于是从有关委员会那里拿到的还是从犹太人那里拿到的，这在钱上面并没有反映出来。至于犹太人自己的开价，既然允许他们自报，他报得高一些也无可非议，怎么安排纯属他个人的自由，就像法国人公然对妻子与情人在经济上一视同仁一样。所以，在这则笑话中，犹太飞行员的精明并没有越出“合法”的界限。

而且说实话，仅就结果而言，任何一国的飞行员要处于这种“白拿1000美元”的位置上，都会感到满意的。但无论在笑话中还是现实生活中，他们都不会提出这样的要求，甚至连想也不会想到，因为这种“过于直露的精明”在潜意识层次就被否定了：他们会为自己的精明而感到羞愧!

但从这则笑话本身来看，我们丝毫感觉不到犹太人为自己精明得“过分”而羞愧的意思，只有一种得意，一种因为自己动出了如此精明甚至精明得无法实现的念头而“洋洋自得”的心情。至于是否“过于直露”这种考虑，丝毫不能影响他们的精明盘算，更不能影响他们对精明本身的欣赏。他们把精明完全看做一件堂堂正正、甚至值得大肆炫耀的东西！可以说，对精明自身的发展、发达来说，没有什么东西比这种坦荡的态度更为关键、更为紧要了。犹太人可以说就是在为自己卓有成效的精明开怀大笑声中，变得越来越精明的!

6. 成功不仅源于知识，而且源于智慧

根据犹太人的经验，智慧源自学习、观察和思考，这或许空洞而简单，但人最难做好的事情往往就是看似简单的事情。

一是要学习。学习能磨炼人的心性和思维，只有不断地学习，才会让人处于一种不断更新完善的状态中。犹太人视学习为义务，视教育为“敬神”，我们知道知识源于实践和经验，但个人由于受时空和自身的限制，不可能什么都自己去实践、去经历，而更多地是来自别人既有的经验。书本无疑是知识的主要载体，它是新知识新技术和信息的仓库，它丰富头脑，也启迪思维。因此，学习是使人睿智的第一条件。据统计，最近10年内发展起来的工业新技术，30%已过时，电子产品的寿命周期又缩短到了3年，“摩尔定律”更昭示人们信息技术的快速更新。在这样一个多变的世界里，任何固步自封、因循守旧、缺乏远见和不求上进都是走向失败的前奏。犹太人深明大义，不但自己不断学习，更要求别人也要学习，特别是竭力培养后代的学习精神，让他们成为文化素质较高，懂知识，乐于学习和进步的新一代。至于学习之法，犹太人认为：一是要善于找学习资料，切不可盲目为之；二是要有重点，不可平均用力，对精要部分要读懂读透；三是借脑读书，作为上司，你可以让下属去读你想要读却没有时间精力或不值得花大量精力时间的书，然后让他们把核心内容或要领归纳好告诉你；四是善于向别人学习、交流、讨论，另外，电视、广播、因特网都是学习的有效渠道。

二是要学会观察。知识或许是死的东西，只有我们将它用来观察世界、分析问题时它才能“活”起来，知识通过人的感观和思维与实在的事

物和存在的问题或现象发生联系时其价值才得以体现。所以，观察是学会运用知识的重要步骤。

美国连锁店先驱卢宾就是一个善于观察的人。他最早在淘金热中做一些赎买生意，以满足那些淘金者的生活需要，后来他的生意越做越大。但是，经过8年的经商实践，并深入市场调查研究，他发现：商店不标价，靠买卖双方讨价还价的交易方法既不利于自己业务的发展，又总是消除不了顾客对商店的诸多不信任和猜忌；而且，由于价格不一且变化莫测，没有一个参照的标准。针对这些情况，卢宾反复思考终于研究出一种经营方式，叫“单一价格店”，即对每一种商品明码标价并按此价销售。这样，顾客一目了然，也一扫当时的商业欺诈行为，既增加了交易的效率，也赢得了顾客的信誉。于是，卢宾的单一价格生意非常火爆。随着顾客的增多，他又发现，太多的顾客光顾造成了购物空间的拥挤，使得交易速度难以提高，而且也耽搁了顾客宝贵的时间；另一方面，一个商店总有一个辐射范围，让太远的顾客前来显然不太可能。于是，他又发展了“连锁经营”的方式，也就是多个店同货同价，且店面设计、布局、装潢也相同。这样，就等于将一家店开在了更多、更广的地方，当然生意也就越做越大。

从这个例子我们可以看出，卢宾的创新是对已有的销售方式、营销模式的一种拓展，一种突破；同时也是深谙销售和顾客消费心理方面的知识。卢宾为什么能创新？因为他善于观察、发现问题，进而能针对问题运用知识提供解决方案。

三是要学会思考。所谓“思考”不单是指对知识的理解、咀嚼，更是指对环境、对变化的一种反应。我们每天都在经历着变化，也在耳闻目睹种种变动，可是，我们有几人可以洞悉到变化的规律，预见到变化的趋势呢？应该说，学会思考是人睿智的最高境界，它必须在知识被理解掌握而融会贯通、举一反三的基础上才可能达到，并且还必须辅以敏锐的直觉能力和开阔的视野和胸怀。

华尔街的金融巨子J. P. 摩根正是那种善于把握变化趋势，具有非凡洞察力和远见卓识的少数人之一。1871年，普法战争以法国战败而告终，法国因此陷入一片混乱，要赔德国50亿法郎的巨款，也要尽快恢复经济。这一切都需要钱，而法国现政府要维持下去，就必须发行50亿法郎的国债。面对如此巨额的国债，再加上一个变数颇多的法国政治环境，法国的罗斯柴尔德男爵和英国的哈利男爵（他们分别是两国的银行巨头）不敢接下这笔巨债的发行任务，而其他小银行就更不敢了。面对风险，谁也不敢铤而走险。这时，J. P. 摩根直觉敏锐地感到：当前的环境，政府不想垮台就必须发债，而这些债务将成为投资银行证券交易的重头戏，谁掌握了它，谁就可以在未来称雄。但是，谁又敢来冒这个险呢？J. P. 摩根想道：能不能将华尔街各行其是的各大银行联合起来？

把华尔街的所有大银行联合起来，形成一个规模宏大、资财雄厚的国债承购组织——“辛迪加”，这样就把需由一个金融机构承担的风险分摊到众多的金融组织上，这50亿法郎，无论是数额上，还是所冒的风险上都是可以被消化的。摩根这套想法从根本上开始动摇和背离了华尔街的规则与传统。不，应该是对当时伦敦金融中心和世界所有的交易所投资银行的传统的背离与动摇。当时流行的规则与传统是：谁有机会，谁独吞；自己吞不下去，也不让别人染指。各金融机构之间，信息阻隔，相互猜忌，互相敌视，即使迫于形势联合起来，为了自己最大获利，这种联合也像六月的天气，说变就变。各投资商都是见钱眼开的，为一己私利不择手段，不顾信誉，尔虞我诈，闹得整个金融界人人自危，提心吊胆，各国经济乌烟瘴气，当时人们称这种经营叫“海盗经营”，而摩根的想法正是针对这一弊端的。各个金融机构联合起来，成为一个信息相互沟通、相互协调的稳定整体。对内，经营利益均沾；对外，以强大的财力为后盾，建立可靠的信誉。摩根坚信自己的想法是对的，摩根凭借过人的胆略和远见卓识看到：一场暴风雨是不可避免的。

正如J. P. 摩根的预料，他的想法似一颗重磅炸弹，在华尔街乃至世界金融界引起了轩然大波。人们说他“胆大包天”“是金融界的疯子”，但J. P. 摩根不为所动，他相信自己的判断没有错，他在静默中等待着机会的来临。后来的事实无疑证明了摩根天才的洞察力，华尔街的辛迪加成立了，法国的国债也消化了。摩根改变了以前海盗式的经营模式，后来又积极向银行托拉斯转变。此处无意去评析托拉斯的垄断模式，但华尔街无疑从投机者的乐园变成了美国经济的中枢神经，而摩根及其庞大的家族也成了美国最大的财团之一。

J. P. 摩根的胜利不仅是知识的胜利，更是智慧的胜利。

7. 机智是人生的百宝箱

犹太人的机智，堪称世界民族之最，关于他们机智的故事，也不胜枚举。

有个犹太富翁病入膏肓，死期已近，便口述遗书，让人笔记：

“我将悉数财产留予送达此遗书至你处的忠实奴仆；我儿尤第雅，可由我之所有物中选择一项。”

犹太富翁不久死去，奴隶得了财产，兴冲冲地将遗书拿去给拉比看，然后同拉比一起去见富翁的儿子。拉比对富翁的儿子尤第雅说：

“你父亲已将财产送予奴隶，你只能取其中一件东西，你自己选择吧。”

尤第雅毫不犹豫地说：

“我选择这个奴隶。”

尤第雅既拥有了奴隶，又拥有了财产继承权。

这个富翁非常聪明，他临死时儿子不在身边，便想出这条计策，否则奴隶会侵吞他的财产而不通知他的儿子。真是有其父必有其子，他的儿子也是绝顶聪明的。

保守秘密是值得依赖的试金石，然而如何来保守秘密却不是件容易的事情。常有人从甲处听来秘密传给乙，似乎是对乙很信任，其实他已经辜负了甲对他的信任。有位拉比说：“只要秘密仍在你手中，你就是秘密的主人，但当秘密说出来后，你便成了它的奴隶。”上面这个故事，那个临死的富翁是最机智的人，他不但能保证奴隶将遗书送给儿子，而且还能把自己的财产全部留给儿子而不被奴隶吞掉。同样，拉比也是机智的，他并没有直接说出遗嘱中暗含的玄机，从而为富翁保守了秘密。当然，犹太富翁的儿子更是机智无比，聪明绝顶！回到我们的现实生活当中来，机智更是渡过难关、反败为胜、绝处逢生的利器。

售货员费尔南多是一个犹太人，一个礼拜五他去了一个小镇，但由于身无分文而无法食宿，他便去找犹太教堂的执事。执事对他说：“礼拜五到这里的穷人特别多，每家都住满了，惟有金银店老板西梅尔家例外，可是他从不接纳客人。”

费尔南多肯定地说：“他肯定会接纳我的。”

之后，他就去了西梅尔家，等敲开门后，他神秘兮兮地把西梅尔拉到一旁，从大衣兜里取了一个砖头大小的沉甸甸的小包，小声说：

“请问您一下，砖头大小的黄金值多少钱？”

金银店老板眼睛一亮，可是这时已到了安息日，不能继续谈生意了，为了能做成这笔生意，他便连忙挽留费尔南多在自家住宿，到第二天日落后再谈。

于是，在整个安息日，费尔南多都受到热情款待。当周六晚上可以做生意时，西梅尔满面笑容地催促费尔南多把“货”拿出来看看。

费尔南多故作惊讶地说：“我哪有什么金子，只不过是想问一下砖头大小的黄金值多少钱而已。”

费尔南多的机智在于巧妙地利用了西梅尔求财心切的心理，而且以错误的暗示让他上当。

还有，在商业活动中，总有被偷、被骗或别人赖账的时候，那么让我们来看犹太人如何机智地应对这种情况。

有个犹太商人来到一个市场里做生意，当他得知几天后这里所有商品将大甩卖时，就决定留下来等待，可是，他身上带了不少金币，当时又没有银行，放在旅店也不安全。

经过反复思量，他独自来到一个无人的地方，就在地里挖了一个洞，把钱埋藏起来，可是当他次日回到藏钱的地方时，却发现钱已经丢了。他呆呆地愣在那里，反复回想藏钱时的情景，当时附近一个人都没有啊，他怎么也想不出钱是怎样丢的。

正当他纳闷之际，无意中一抬头，发现远处有间屋子，可能是这家屋子的主人正好看到他埋钱了，然后，将钱挖走。那么，怎样才能把钱要回来呢?

经过认真考虑，他去找那屋子的主人，客气地说道：

“您住在城市，头脑一定很聪明，现在我有一件事想请教您，不知是否可以？”

那人热情地回答说：“当然可以。”

犹太商人接着说道：

“我是来这里做生意的外地人，身上带了两个钱袋，一个装了800金币，一个装了500金币，我已把小钱袋悄悄埋在没人的地方。但不知道这个大钱袋是交给能够信任的人保管呢，还是继续埋起来比较安全呢？”

屋子的主人答道：

“因为你是初来乍到，什么人都不该相信，还是将大钱袋一块埋在藏小钱袋的地方吧。”

等犹太商人一走，这个贪心不足的人马上取出偷来的钱袋，立刻放在原来的地方。这个可把躲藏在附近的犹太商人高兴坏了，等那人一走，他马上将钱袋挖了出来，一溜烟跑了。

这个犹太商人能够将落入别人口袋的东西又拿回来，手段确实高明。

因为他知道，每个人都有贪心，且贪欲无限膨胀，要让小偷把钱交出来，只能激起其更大的贪心，这个犹太人的机智就在于巧妙地利用了人的这种心理。

经济上的借贷行为在商人中间再平常不过了，但若问借了钱是债主急，还是债务人急，特别是钱到期不还的时候，犹太人一针见血地指出，肯定是债主，这很符合我们现在的实际。看看那些欠银行一屁股债的大爷阔少，个个神气活现，而银行却又不敢动他们，生怕他们真绝了财路银行就一个子都收不回。犹太商人可谓深谙其中之道理。不过，对于讨债，他们自有高招。

梅思是个服装商，向布商卡拉批发了1400美元的布料，却一直未结账。卡拉派人去催了几次款，梅思每次要么避而不见，要么溜掉。给他写了几封信，梅思仍然不理不睬，这使卡拉束手无策，干着急没办法。

这时，卡拉的一个犹太朋友给他出了个点子：

“你不妨写一封催款信给梅思，让他尽快还2000美元的债，看他如何反应。”

果然，卡拉的信刚发了3天，梅思就回信了，信中说：

“卡拉，你这混蛋，是不是脑子出问题了？我明明只批了你1400美元的货，你为什么诈我2000美元？随信寄1400美元，以后再也不和你做生意了——要打官司吗？你准输。”

犹太朋友的这则讨债秘方实际上是一个非常巧妙的以攻为守的攻心战。本来卡拉很被动，只要对方躲避他，他就毫无办法，打官司吧，又不值得，而梅思之所以避而不见，只是想拖着不还，并不是想彻底赖账。而现在1400美元的债突然变成2000元，这就使梅思不得不回信并辩解了，否则一旦真打起官司来，那就得不偿失了。这样，原先主动的梅思正好上了犹太人的以讹诈讹之计，一下子变为守势，为了免去更大的麻烦，只好还债。

人难有一帆风顺的，如何面对困境，从容应付；如何面对危险，机智化解，这都是成功犹太人所拥有的素质。

8. 智慧是心灵的翅膀

1936年6月的一天，阿姆斯特丹港。

一支巨大的船队正抵达这里，船上装满了钻石珠宝、香料、药材、丝绸、瓷器、皮毛。在那艘最大的商船高高的驾驶台上，站着一位高大威严的老人，他的两手扶在窗栏上，身体微微前倾，把头探出窗外，一双炯炯有神的眼睛，急切贪婪地扫视着这个世界著名的港口城市。

他就是这支船队的主人，世界著名的大商人莫里茨·希尔斯。

我回来了，我终于又看到阿姆斯特丹了，莫里茨清瘦的脸上由于激动而微微泛红。

此刻，他仿佛又听到了44年前，父亲临别时的那番话：

“我们命中注定是永世漂泊的人。就像沙漠中的水，我们消失在罗马帝国巨大的疆域之内，流落在世界各地。我们没有祖国，金钱就是我们这个民族的疆域，摩西律法就是我们的国界。”

44年了！44年前，他就是从这里出发，开始了自己独自闯荡世界的人生之路。现在，他已经建立了一个巨大的金融和商业帝国，他的船队在世界各地的港口都留下了足迹。他成功了，他可以来告慰父亲的在天之灵了。

待船靠上码头，停稳了，莫里茨对一直恭恭敬敬地伺立在一旁的助手吩咐道：“你指挥他们卸船吧，全部卸下来。我想一个人到城里走走。”

阿姆斯特丹是名副其实的水上城市，桥多水多，100多条运河，1000多座桥梁，交织出美丽的水都风光。除此而外，美丽的郁金香，闪烁的钻石，珍贵的艺术收藏，都是这座城市的骄傲。在以扇形分布的条条运河两旁，高塔、教堂、剧院、富商们的宅邸鳞次栉比。这里的人们喜欢把他们的建筑物的门脸设计成左右对称的几何形状，有梯形、三角形、镜框形、瓶颈形、喷口形、钟形等，形状各异，都高高耸起。墙面则涂成红的、蓝的、灰的、黑的色块，门窗的边沿则饰以明快的白色，配上碧绿的草地和蓝天白云，鲜艳夺目。

莫里茨租了一条小小的游船，沿着运河慢慢地巡游着。

在临近郊区的一个小码头边，莫里茨上了岸，他向船夫付了船钱，而后转身顺着一条石板铺成的小路向前走去。

在一片小高地上，有一处因年久失修而破烂不堪、坍塌了半边的房子。

莫里茨在这所破房子旁停下了脚步。

远处，有钟声隐约传来，悠远绵长，仿佛时光倒流，使人回到了44年前。

在王子运河的左岸，靠近城郊的一片小高地上，有一幢豪华别墅，这里是阿姆斯特丹有名的珠宝商人迈耶·希尔斯的宅邸。这些天，这所宅邸里似乎比平时忙碌了许多，忙碌中还夹杂着一些喜庆的气氛，原来是这家的少爷莫里茨·希尔斯的生日就要到了，再过8天，他就满18岁了。按照家族的传统，18岁就是成人了，应该独自出去闯世界了。所以全家人和仆人们都为少爷高兴，都在认真地为少爷的生日做着准备。只有老爷似乎满腹心思，一副不苟言笑的样子。

晚餐时，老爷终于开口了，他对儿子说："一会儿，你到晒台上来，有些事该跟你谈一谈了。"

晒台很宽敞，位于别墅门廊的上面，坐在这里，可以把全城的风光尽收眼底。

父子俩来到晒台上时，仆人们已经在那里准备好了茶桌和座椅。

那是父亲第一次把他当作成人，正是在父亲的谈话中，他渐渐意识到了成人意味着什么。成人意味着承担，意味着独自面对。在父亲的话语中，他获得了自信，他为自己成为成人而激动和骄傲。

他至今仍清晰地记得父亲那些语重心长的话语。

“你的心静下来了吗？如果你的心还没有静下来，那么你最好还是先把它静下来，然后再来听我讲这个故事，否则你会没有耐心听我讲下去，即便是听了，也会听不进去，懵懵懂懂，听不出里面的涵义。

“你少不更事，没有经历过磨难；你生在一个富裕之家，不懂得忧患；你善良单纯，不知道人心的险恶；你胸怀大志，却不知世事艰难。那么，就静下心来听我讲这个故事吧，这个故事会让时光重现，引领你去重走一遍我们这个民族多灾多难的生死存亡之路，经历一次我们这个民族几千年的颠沛流离、无家可归的逃亡生活，你会看到，在这条道路上先祖们那一个个顽强不屈、孜孜不倦的身影。

“磨难是一笔财富，失败是成功的基石，但是你要获得这笔财富，踏上这块基石，不一定非要自己去亲历一番磨难和失败，别人用身体经历的，聪明的人完全可以在精神上在心灵里体验到，这是上帝赋予人类的智慧。

“你是亚伯拉罕的后代，你是摩西的子孙，你是大卫和所罗门的传人，他们的苦难就是你的苦难，他们流的血也是你的血，他们的教训就是你的经验，他们吃苦、受罪、流血、死难，都是为了成就现在的你。你站在他们的肩膀上，你站在他们的目光里，你站在民族新生的十字路口，你手里握着的，是使我们这个民族生存下去的火炬。这火炬从一代一代人手里传下来，今天传到了你的手里。

“你不会再像他们那样经常一败涂地，你不会再像他们那样路途崎岖，因为你知道了他们的故事，你正在汲取他们的经验教训，你正在精神上重历他们的苦难，而这些，会照亮你面前的道路，会擦亮你的眼睛，会引领你走出险境踏上坦途。

“从你开始，一无所获甚至倾家荡产将不再是努力奋斗的结果，成功的喜悦将取代失败的痛苦，因为你是他们的传人，痛苦已经都由他们受尽，你的心里装着他们用血泪换来的经验和教训，你掌握了他们整理出来的原则和心诀，你已经具备了成功和快乐的智慧。

“新的生活将从你的脚下开始，新的生命将在你的身上发芽成长，你的身上洒满了阳光。”

父亲的这番话，像一盏灯在莫里茨的眼前点亮，直照进他心中去。他觉得在那儿，原来紧闭着的门正在一扇扇相继打开，从海湾那边吹来的新鲜空气立刻充满了心房。

满头白发的老人看着儿子光洁的额头闪闪发亮，知道上帝赋予人类的智慧已经进入了儿子的心灵，心中也满怀感激和喜悦。他对小莫里茨说：“从明天开始，我会集中一段时间，给你讲讲祖先们的故事。也许你会说，那些故事不都在书上写着吗？是的，书上都有，但是我讲的是用我一生的时间所读到的故事，圣经只有一部，但是每个人心里都有只属于他一个人的圣经。”

第二章
在整个人生中坚持学习

1. 孜孜不倦的好学求知精神

犹太人之所以以超凡的智慧纵横于世界舞台，一个重要的原因就在于犹太民族渴求知识的良好传统使他们具备了卓越超群的文化素养。犹太民族将知识视为他们真正能自己掌握的财富，他们有着宗教般虔诚的求知精神。这种精神让犹太民族耀眼于世界各个领域，不管是科技界、思想界、文化界、政界还是商界，犹太人均是风骚独领。

在思想界，基督教的创始人耶稣，科学社会主义的创造者马克思，精神分析学的开创者弗洛伊德，泛神论大师斯宾诺莎，现象学大师胡塞尔，社会学和政治学的魔法大师马克斯·韦伯，符号学大师卡西尔，哲学大师维特根斯坦、马尔库塞、弗洛姆、卢卡契、波普尔都是犹太人。在文学和艺术领域，西方现代派文学的奠基人卡夫卡，诗人海涅，诺贝尔文学奖得主贝娄，音乐家门德尔松，作曲家马勒，世界超现实主义画家毕加索等都是犹太人。另外，在电影界，好莱坞的大导演斯皮尔伯格，奥斯卡金像奖的获得者达斯汀·霍夫曼，保罗·纽曼等等都是犹太人。在政界，亨利·基辛格，第一夫人贝隆，和平使者拉宾，以色列之父本·古里安都是犹太人。而在自然科学界，犹太科学家更是不计其数，光一个爱因斯坦就让所有的科学家黯然失色。

在世界经济舞台上，随处可见犹太人卓越不凡的身影。在经济理论研究方面，有大卫·李嘉图，诺贝尔经济学奖得主K. J. 阿罗，P. A. 萨缪尔森，西蒙等这样世界级的经济学大师；在经济管理方面，有美联储主席格林斯潘这样的杰出代表；在金融领域，华尔街的金融家近一半是犹太人，

J. P. 摩根、莱曼、所罗门兄弟、乔治·索罗斯都是顶尖级的人物；在实业界，亨利·福特、洛克菲勒、缪塞尔、哈默的威名至今让人振聋发聩；在传媒业中，路透、普利策等，还有CBS的威廉·佩利，NBC的萨尔诺夫，《纽约时报》的奥克斯等都是犹太人；在影视娱乐界，好莱坞简直就是犹太人的天下，最早的好莱坞开拓者，米高梅公司的创始人高德温、华纳四兄弟、派拉蒙、福克斯公司的创始人均是犹太人……

犹太人在世界民族中的非凡成就，是与他们孜孜不倦、不断探索的求索精神分不开的。

犹太人求知精神的基点在于他们对知识有着深刻的也相当实际的认识，知识就是财富，由此便产生了对知识这种财富近似贪婪的欲望。犹太人四处流浪，没有家园，居无定所，没有生存和发展的权利保障。他们所到之处，唯一的支撑就是自己头脑中的知识，靠知识创造财富，从而由财富、金钱来为自己争得一条生路，一方生存发展的空间。物质财富随时都可能被偷走，但知识永远在身边，智慧永远相伴，而有智慧、有知识，就不怕没有财富。这正是犹太人流浪数千年依然生生不息的原因所在。

套用现在的一个观点，犹太人非常重视人力资本的投资，其中又以教育上的投资为第一。犹太人深刻地体会到教育投资不仅仅是经济上的投资，因为知识是特殊形式的资本，它往往起到放大其他资本（土地、货币）的作用。知识，包括脑的知识——学习，和手的知识——技能，同时也就是他们投资的浓缩和凝固形式。犹太人在流散四方的过程中或移居新的居住地后能迅速地找到那些他们具有竞争优势的位置，从而站稳脚跟，恢复元气进而兴旺发达起来，这种智力资本起了至关重要的作用。

以色列是一个小国，资源贫乏，既缺水，又缺能源，且沙漠比重大。但是，它却有丰富的人才。数十年来，世界各地的犹太人纷纷移民到这个国家，他们带来资金，更带来了知识、技术、特长，他们将这些知识用于国家建设，以色列便迅速崛起。这个国家有世界上最高的教育水平，拥有最好的人才培养基地。同样，这个国家独创了举世闻名的农业技术，靠贫瘠的土地养活了自己，还大量出口农产品；这个国家拥有世界上一流的工业技术，特别是通信电子方面，居于世界前列。所有这些奇迹，靠的就是知识。

在世界任何地方，犹太人凭借着自己拥有的“可以随身带走”的知识，跻身于知识要求高、流动性强的各种行业，特别是金融、商业、教育、科技、律师、娱乐、传媒行业。在美国，华尔街的精英中近一半有犹太血统，律师中30%是犹太人；科技人员中一半以上是犹太人，特别是在IT行业，犹太人也非常出色；犹太人执掌着《纽约时报》《华盛顿时报》《新闻周刊》《华尔街日报》，全国三大电视网ABC、CBS、NBC的帅印。而如前所述，时代华纳公司，米高梅公司，福克斯公司，派拉蒙公司都是犹太人开拓的。在美国，全国前400名巨富中犹太人占了近三成。这些数字让我们不得不感叹犹太民族神秘的知识力量。知识在这个古老民族中竟然能焕发出如此巨大的力量，是知识拯救且复兴了这个古老而年轻的民族。

犹太民族何以让知识保持长久的魅力，并能存故纳新，不断繁荣呢？

答案就是，求知精神！

在犹太教中，宗教般虔诚的求知精神在商业文化中的渗透，内化为犹太商人孜孜不倦、探索求实的商业精神和锐意进取的创新意识。他们孜孜以求地在知识海洋中积累的丰富知识，又对形成犹太商人所特有的计划谋略与智慧发挥了文化滋养的作用。可以试想，一个目不识丁的人或知识缺乏者在商业舞台上会有运筹帷幄，从容应对的商业智慧吗？

犹太人固有的学习传统，作为一种卓有成效的培养、激发人们的学习积极性的价值观念，深深浸透着犹太人的独特智慧，也促成了犹太智慧的发扬光大。

在人类的价值体系中，粗略地可以区分出两大类价值：一类是工具价值，另一类是目的价值。

所谓工具价值就是本身作为取得其他价值之手段的价值。这种价值是否

"有价值"不取决于其本身，而取决于它能否成功地导向或实现另一价值。

所以，任何一种社会事物包括人的活动样式，要能够以其自身即可维持下去，必须首先成为目的本身。成为不以其他事物为评判尺度的自足之物，为学习而学习，学习过程就是目的本身，知识的获得就是目的的实现，有了这样的观念和心态，才可能孜孜不倦、无悔无怨地勤学不辍。

"取法乎上，得其中；取法乎中，得其下。"以学习为职责的犹太人，在履行职责的同时，得到的是其他许多民族梦寐以求的兴旺发达。

在世界民族之林中，犹太人总表现出一种打破砂锅问到底的彻底求知精神。他们对于任何问题，都务求彻底的了解，一知半解是他们最憎恶的。他们事无大小，绝不会不懂装懂或不求甚解，而是不懂必问，且敢于不耻下问，从不以问为耻，而是以问为荣。这种打破砂锅问到底的彻底的求知精神，使他们积累的知识越来越丰富，最终成就为纵横世界各地、学识渊博的第一人！

2. 把学习规定成为一种义务

在犹太教中，勤奋好学不只是仅次于敬神的一种美德，而且也是敬神本身的一个组成部分。在世界上所有的宗教中，对神的虔信可以有程度的差异，但把学习和研究提到这样高度的，几乎绝无仅有。

《塔木德》中写道："无论谁为钻研《托拉》而钻研《托拉》，均值得受到种种褒奖；不仅如此，而且整个世界都受惠于他；他被称为一个朋友，一个可爱的人，一个爱神的人；他将变得温顺谦恭，他将变得公正、虔诚正直、富有信仰；他将能远离罪恶、接近美德；通过他，世界享有了聪慧、忠告、智性和力量。”

学习之为善，在于其本身，它是一切美德的本源。

12世纪的犹太哲学家，犹太人的“亚里士多德”，精通医学、数学的迈蒙尼德则明确把学习规定为一种义务：

“每个以色列人，不管年轻年迈，强健羸弱，都必须钻研《托拉》，甚至一个靠施舍度日和不得不沿街乞讨的乞丐，一个要养家糊口的人，也必须挤出一段时间日夜钻研。”

由这一原则所带来的结果是形成了一种几乎全民学习、全民都有文化的传统。尽管并非人人都有“研习”的能力，但确实人人都把各种程度的“研习”视作当然之事。

不过，早期的学习主要以神学研究为取向，涉及面十分狭窄，像迈蒙尼德这样的博学，可说是一个例外。因为拉比们唯恐犹太神学之外的知识会使犹太青年迷失方向。因此，在现代以前的相当长的时期内，在随着犹太移民的足迹先后建立的学术中心里，除了犹太教经典，尤其是《塔木德》之外，他们对世界上的其他知识是不予注意的。

而且到18世纪末，犹太教中还出现过一个反对经院哲学和学者主宰犹太事务的哈西德运动。其倡导者一度主张，一个人只要依靠虔诚和祈祷，也能升入天国，善的功业比伟大的知识更为重要。

可喜的是，为学习而学习的传统并未中断，哈西德派的大师们自己也很快“迷途知返”了。他们不再坚持虔诚比钻研更能达到较高境界，而是传布一种虔信与知识互为依赖的信仰。这意味着，即使本性并不虔诚，学者也能依靠自己的知识而变得虔诚；而本来虔诚的人则更会为其虔诚所驱使而致力于学术研究。

这样一种为学习而学习的传统，对长期流散的犹太人尤其是其中的青年们来说，在调节其心理、保持其民族认同方面所起的巨大作用暂且不提。即使从现代的立场上看，作为一种卓有成效的培养、激发人们的学习积极性的价值观念来说，也深深浸透着犹太人的独特智慧。

在学习的效果方面，犹太民族同样显示出了自己的聪明与智慧。

人类文明的发达无非靠着两样东西的积累，一是物质形态的成果积累，二是观念形态的成果积累。在这两种积累及其结合的基础上，人类社会不断地以加速度发展着。

在第一种积累上，犹太人历来是大有贡献的，只是历史处境常常使他们的积累连同他们本人一起化为乌有。

在第二种积累上，犹太人甚至可以说更有贡献。仅仅一本《圣经》对人类历史的影响，已经足以证明即使在宗教神学的外衣下，犹太学问在人类认识自身、开拓自身、约束自身方面的累累成果。

何况犹太教素以“伦理—神教”著称，塔木德学者在研习《托拉》的过程中，不断地将协调人际关系的规范加以合理化、精细化、操作化，在扎紧民族樊篱的同时，为人类与人类社会的自我完善，留下了影响深远的丰富内容。

更何况，使得塔木德学者视野狭窄的那种宗教定向，却以“为学习而学习”的传统，在科学文化蓬勃兴起、世俗教育迅速普及的当代，为犹太人提供了一种现成的价值取向和心理基础。神圣的宗教职责极为快捷地就具有了世俗的形式，犹太人大批走进了世俗学校：医学院、法学院、商学院、理工学院。犹太民族在为人类奉献出一流思想家、理论家、科学家、艺术家的同时，也为自己的繁荣昌盛而培育出同其他民族相比，更不成比例的教授、医生、律师、经理和其他专业人员。

以色列5%的文盲率，450万以色列人中有1／3是学生，14岁以上的公民平均受教育程度为11. 4年，差不多每4500人中就有一名教授或副教授，还有前面已提及的犹太人在诺贝尔奖获得者中比例奇高，所有这一切成就，只能出现在一个勤奋好学、视“学习是一种义务”的民族之中。

3. 生命可以终结，学习不能终止

有一本名叫《虔诚者的书》上记载着古时候犹太人的墓园里常常都放有书本，因为他们认为当夜深人静的时候，死者就会从坟墓中爬起来看书。

虽然这种事情是不会发生的，但是犹太人对求知的态度是：生命是会有终结的，但学习却不会终止。

犹太民族的好学作风成了他们的历史和民族的一个显著标志。

波斯王国驻犹太地区的总督聂赫米瓦曾说过："这一个地方不仅有很多图书馆，在图书馆中更是经常挤满了看书的人。"他的话不知不觉中印证了犹太民族的好学。

犹太人把书本当作宝贝。在古代，书往往被犹太人翻看得破破烂烂，但是他们仍然舍不得扔掉，一直要等到整本书都七零八散，字迹模糊不清，再也不能翻阅的时候，四邻才会聚到一块，像埋葬一位圣人一样，恭恭敬敬地挖一个坑，把这本书埋掉。

生命可以终结，学习不能终止，犹太人认为学习可以让人获得生命和更多的奖赏。

有一则这样的故事：

在以色列，有一个人的儿子对学习毫无兴趣，他的老师最后不得不放弃努力，而只是教他《创世纪》一书。后来，敌军攻打他们居住的城市，俘虏了这个男孩，把他囚禁在一个遥远的城市。

恺撒来到了这个城市，视察男孩被囚的监狱。在视察时，恺撒要求看一看监狱中的藏书。结果，他发现了一本他不知道怎么读的书。

"这可能是一本犹太人的书，"他说，"这里有人会读这本书吗？"

“有，”典狱官答道，“我这就带他来见您。”

典狱官把男孩找来，说：“如果你不能读这本书，国王就会要你的脑袋。”

“父亲只教过我读一本书。”男孩答道。

典狱官把男孩从监狱里提出来，把他打扮得光鲜亮丽，带到恺撒面前。皇帝把书摆到男孩面前，年轻人就开始读，从“起初，上帝创造天地”一直读到“这就是天国的历史”。

这是《创世纪》的第一章和第二章的一部分。

恺撒听着男孩读，说道：“这显然是上帝，赐福的上帝向我打开他的世界，要我把这孩子送回到他父亲身边。”

于是，恺撒送给男孩金银，并派两名士兵把男孩护送回到他父亲身边。

拉比们又用这个故事教育人们说：“尽管这孩子的父亲只教他读了唯一一本书，赐福的上帝就奖赏他了。那么，想一想，如果一个人不辞辛苦地教他的孩子读《圣经》、《密西拿》和《圣徒传记》，那他得到的奖赏该有多大呀！”

去获得上帝的奖赏，这就是犹太人死后也要读书的死理。

4. 学习不辍，有时间就要持之以恒

在日常生活中，经常会有人说，我的年纪太大了还学什么？或者，工作太忙了没有时间学习。这对犹太人说来，都是不可思议的事。

在犹太人看来，不管一个人到了多大岁数，也不论他有多么贫穷，只要他是人，就可以学习。因此，犹太人认为人们可以透过学习保持“青春”，保持年轻人的心态，还可以通过学习而获得“财富”，取得精神上

的富足。

“忍冻学习的西勒尔”是一个为犹太人熟悉的故事。

名垂千古的西勒尔年轻的时候，抱着一个很大的希望，那就是专心致志研究《犹太教则》。可是，他没有足够的时间，也没有充裕的金钱，他的愿望显得有些遥不可及，因为他实在太穷了。

在左思右想之后，他终于发现了一个可以完成心愿的办法：拼命地工作，靠工钱的一半过活，把剩下的钱送给学校的看门人。

“这些钱给你，”西勒尔对看门人说，“不过，请你让我进学校去听课，我很想听听贤人们在说什么。”

在几天之内，西勒尔就靠着这种办法听了不少课，可是他的钱实在太少了，到最后他连一片面包也买不起。这时候，让他感到难受的并不是饥饿，而是看门人坚决地拦住了他，不再让他走进学校一步。

怎么办呢？他终于找到了一个好办法。他沿着学校的墙壁慢慢爬上去，然后趴在天窗边。这时候，他就可以清楚地看见教室里面上课的情形，也可以听到教师讲课的声音。

安息日前夕，天寒地冻，冷风刺骨。在第二天，学生们照常到学校去上课，屋外阳光灿烂，可是屋里却漆黑一片。学生们很纳闷，为什么那么暗?

原来，西勒尔躺在天窗上，身上积了一层白雪，已经被冻得半死。他在天窗上已经躺了整整一夜了。

从此以后，凡是有犹太人以贫穷或者没有时间为借口不去求学，人们就会这样问：“你比西勒尔还穷吗？你比他还没有时间吗？”

《犹太法典》中有这样一些话：

“对于像孩子那样学习的人，我们把他比作什么呢？就像用墨水在新鲜洁净的纸上书写。

但对于像老人那样学习的人，我们把他比作什么呢？就像用墨水在破旧不堪的纸上书写。

世界只为了学童们的呼吸而持久存在。

学童们绝不能忽视他们的学业，即便是为了建筑神庙也不行。

没有学童的城市终将衰败。”

只要是活着，犹太人总是不停地学习，因为对犹太人来说，学习是一种神圣的使命。犹太人认为到达天国以前，人必须要不断地学习，即使是一位最伟大的拉比，也不例外。学问的追求是永无止境的。犹太人一向认为肯学的人比知识丰富的人更伟大，直到今天，所有的犹太人仍秉持着这种信念。

5. 积极进取，学而不知足

曹操有句名言：“人若不知足，既得陇复望蜀。”此话讲明人不是没有知足的极限，而是不断谋求更大的发展。确实，在人类发展的进程中，如果知足不前，那会有今天的高度文明的社会吗？不管是一个国家、一个民族、一个企业，抑或是个人，都应该具有积极进取，永不停留的精神，这样才能在时代发展的潮流中不被大浪淘沙，衰退落伍。

犹太人是颇具积极进取精神的，他们在任何场合、任何环境、任何时间均保持着寻求积极面的意识，这是犹太人成功的秘诀。当然，他们在正视积极面中，并不是忽视否定面，恰恰相反，他们敢于面对现实，绝无畏缩或自我陶醉。正因为犹太人具有积极进取的精神，遇到困难总能设法把它转变为积极面，帮助其克服困难。

犹太民族在2000多年前失去了家园，流散在世界各地，但他们没有因此丧失了志气，丧失了民族的凝聚力，却一代代地传下来，要为犹太复国而世代奋斗，不屈不挠，终于在20世纪40年代中期建立起了以色列国。

犹太人对于个人的事业同样充满着积极进取精神，他们具有碰触困难的勇气，敢于向厄运挑战。正是这种精神，促使许许多多的犹太人在各个领域中出人头地，业绩卓著。

大财团罗思柴尔德是犹太商人的典型。罗思柴尔德的始祖名为梅耶·亚莫夏，少年时当学徒，由于积极进取，刻苦好学，自己开始经营古董商店，逐步积累资本。他利用欧洲工业革命的机遇，把资金、情报及自己的智慧融合，纵横于英国、法国等欧洲各地进行紧俏货物的买卖，不惜斥下巨资开设银行，开展股票业务，投资铁路、矿业，甚至把自己5个儿子分散在伦敦、维也纳、法兰克福、巴黎等5大城市开设公司，很快把罗思柴尔德家族办成一个跨国大财团。

类似罗思柴尔德的发财致富成功的犹太商人不胜枚举，在世界许多地方都有，如连锁先驱卢宾、报业奇才奥克斯、好莱坞老板高德温、地产大王里治曼等，均是凭着一双空手，靠积极进取精神，创立他们的企业王国的。

在科学技术方面，犹太人的伟大发明也是举世闻名的。据历史记载，飞船的发明人是都柏林，但有人证实是犹太人大卫·舒华兹发明的。大卫·舒华兹自己建造飞船，经过数次试飞，在接近成功时，不幸猝死，因此，都柏林伯爵向舒华兹的未亡人买到了这一飞船的技术，完成具体的飞行而一举成名。

发明飞机的莱特兄弟能够名扬世界，也是有一位犹太人奥多·利安达替他们开飞机促成的。发明直升飞机的，是犹太人亨利·斐纳。

据记载，发明有线电话者为葛拉汉·贝尔。但在贝尔发明成功的1876年之前16年，已经有犹太人试制成电话机，该电话机被收存在史密苏尼安博物馆展示。

此外，有近百名获得诺贝尔科学奖的犹太人，如前面讲的20世纪最伟大的科学家爱因斯坦、“氢弹之父”特勒、原子结构理论权威波尔、免疫学奠基人埃尔利希、化学名家赖希施泰因、著名化学家赫维西等等，举不胜举。

又如杰出文艺专家有：世界著名画师毕加索、音乐大师马勒、文学巨匠比亚利克、杰出女作家米林、魔术大师霍迪尼……

还有众多的政坛上的大将名人等。

犹太人中有那么多的出类拔萃的人物，很关键的一个原因，是他们形成一种积极进取的民族精神，自幼接受了“我一定要有所作为”的积极观念。由于他们培养了成功的信心，所以能够努力学习，不用扬鞭自奋蹄，应用本身所具有的潜力，把自己升高壮大。这种精神成为他们前进路上的“马达”，加快了他们的速度，增强了他们面对现实和排除困难的信心和力量。

6. 发问：怀疑使人学习进步

怀疑是学习的钥匙，它可以打开知识的大门。知道得越多，就越容易产生怀疑。于是，发问可以使人进步。

《犹太法典》说：“好的问题常会引出好的答案。”

可见，好的发问和好的答案同样重要。问题提得出人意料，答案也常常是深刻的。

没有好奇心的人，不会产生怀疑，思考就是由怀疑和答案共同组成的。所以有智慧的人其实就是知道如何怀疑的人。

人没有理由对什么事都确信无疑。怀疑一旦开始，疑点便愈来愈多，循着怀疑的线索去追寻答案，答案通常是比较正确的。

所有的迷惑和怀疑，都可透过行动予以中止；所以，无论多大的迷惑和怀疑，最后都要寻求答案予以解答。

古时的拉比，曾经聚集在一起讨论：过分的思考是否易使行动迟缓？

的确，犹豫是非常危险的，人们必须在最适当的时候，遂下决断，否则便会坐失良机。只有适时而大胆地行动，才能掌握胜利；临阵踌躇不决，将丧失战机。

人不能为学习而学习。因为，在这个世界上，相同的事情绝对不会重复出现。所以，当我们面临一种新的状况时，谁也不能把以前所学的东西，原封不动地运用上去。学习到的东西只能是仅供参考。参考给人以知性的感觉。感觉只可意会，不可言传。

而学习正是为了锤炼感性，使感性更加敏锐。犹如老练的猎人，在深山老林里转；一年一年，便对林中之路和野兽出没的规律有了很深的感知，一有风吹草动，感觉就会告诉他，该发生什么事了。学习就是为了锤炼这种感觉。

好多事情并不需要亲身体验，而可以由别人的体验中得知。如果要万事亲历，人就该累死了，而世界就无法前进了。人把自己的感觉写成书告诉别人，别人通过学习也就获得了许多未曾经历过的感觉。

瞬间所遇，只能凭感觉下决断。这种感觉，是长久学习达到融会贯通才能够突然反应出来的。这种感觉其实是对事物的洞若观火。

学习的目的便是培养这种洞若观火的洞察力。

学习一定要学到学识渊博，始能融会贯通。犹太人说：

“深井的水是提不完的，浅井的水一提就干。”

金银财宝总有一天要用光，而知识却永远与人同在。

学习，是终生不懈的任务。

7. 学习可以使人接近完美

天使和人有着巨大的区别，一方的优点是另一方的缺点，一方的缺点又成为另一方的优点。互相对应，对立统一。

天使的优点是清洁无垢，绝不腐败，缺点是永不进步，永不向上，因为他们已经完美无缺了；人的缺点是容易腐败，但人的优点是可以不断向上，不断进步。

完人，即做和天使一样完美无缺的人，只能是一种理想。因为人不可能完美无缺，一旦完美无缺就变成了天使。但是，理想的力量是无与伦比的。它如万顷波涛的海洋上的星标，指引人生的航船不断前进，沿着星标肯定能到达目的地，但无论如何也不能到达星标。

人的理想也是一样，虽然人是不完整的，但却热切地希望接近完整，这是人类的正道。人走上正道是需要足够的勇气的，否则会半途而退。我们只能依靠自己的力量走上正道。我们无法强迫别人，更不可依靠别人。

完美是无法辨别的，要求别人完美的人是傲慢的。而明知无法达到完美，却设法逐步接近它的人是谦虚的。谦虚的人不会用尽自己的力量，总是留有余力，而自大的人却常常去做超越自己能力范围之外的事。所以谦虚的人具有较强韧的生命力。这也是自信和自大之间的差距。有信心的人都明了自己能力的界限，但自大的人却不知道。

在犹太人眼中，学问不只是学习，而是以本身所学为基础，自行再创造出新东西的一种过程；学习的目的，不在于培养另一个教师，也不是别人的拷贝，而是在于创造一个新的人，世界之所以进步即在此。

在犹太人看来学生有4种：海绵、漏斗、过滤器、筛子。

海绵把一切都吸收了；漏斗是这边耳朵进那边耳朵出；过滤器把美酒滤过，而留下渣滓；筛子把糠秕留在外面，而留下优质面粉。

因此，犹太人倡导，学习知识，应该去做筛子一样的人，而只有学习才能使人更接近完美。

8. 学习什么时候都不迟

拉比阿基瓦是一个贫苦的牧羊人，直到40岁才开始学习，但后来却成了最伟大的犹太学者之一。

传说拉比阿基瓦在40岁之前什么都没有学过。在他与富有的卡尔巴·撒弗阿的女儿结婚之后，新婚妻子催他到耶路撒冷学习《律法书》。

“我都四十了，”他对妻子说，“我还能有什么成就？他们都会嘲笑我的，因为我一无所知。”

“我来让你看点东西，”妻子说，“给我牵来一头背部受伤的驴子。”

阿基瓦把驴子牵来后，她用灰土和草药敷在驴子的伤背上，于是，驴子看起来非常滑稽。

他们把驴子牵到市场上的第1天，人们都指着驴子大笑。第2天又是如此。但第3天就没有人再指着驴子笑了。

“去学习《律法书》吧，”阿基瓦的妻子说，“今天人们会笑话你，明天他们就不会再笑话你了，而后天他们就会说：‘他就是那样’。”

在故事中，阿基瓦妻子的意思就是他40岁去学习，即使别人会嘲笑他，但是第3天就不会嘲笑了，因为什么时候学习都不迟。

因此，犹太人常把西勒尔说过的一句名言挂在嘴边：“此时不学，更待何时？”以此激励自己或鼓励别人去学习知识。

9. 学习奋斗要确立好自己的目标

人的生命虽然各有长短，有人长命百岁，有人青壮之时夭折。但不管怎样，每个人都有其宝贵的一生。这一生，每个人只有一次。因此，人必须珍惜自己难得的一生，在这有限的人生中实现自己的愿望。

当然，人各有志，在不同社会、不同背景、不同时期，人的志向会发生变化的。犹太人因其民族的特性，所处的环境，普遍都能从小怀志，确立自己人生的奋斗目标。正因为这样，许许多多的犹太人能集中人生有限的时间和力量去攻克一个目标，而且从头到尾，决不气馁，在逆境中做到自强自大。

在人生的竞赛场上，没有确立目标，不能在逆境中完善自己，是不容易得到成功的。许多人并不乏信心、能力、智力，只是没有确立目标或没有选准目标，所以没有走上成功的途径。这道理很简单，正如一位百发百中的神射手，如果他漫无目标地乱射，其结果可想而知。正如驴子一天到晚绕着石磨不停地转动，但是什么地方也到达不了，是因为它没有目标的缘故。

犹太人大卫·布朗是英国的一位商人，他的发迹过程，就是他一生确立目标的实现过程。他出生于1904年，父亲经营一间小型齿轮制造厂，几十年一直惨淡经营，仅可以赚取一点生活费。尽管如此，布朗的父亲还是一个头脑清醒的人，总结自己没有选好奋斗目标的教训，把希望寄托在儿子身上。为此，他严格要求布朗勤于学习和读书，每逢假日就规定他到自己的齿轮厂去参加劳动工作，与工人们一样艰苦工作，绝无特殊照顾。

布朗在家庭的教育下，在工厂里工作和生活了较长时间，养成了艰苦奋斗精神，熟悉了工业技术的知识，形成了自己的人生奋斗目标，而且知道在逆境中才能成才的道理。这样，布朗父亲的目标总算实现了。而布朗自己的奋斗目标，不在于齿轮厂方面，而是利用自己在齿轮业务积累的经验，往赛车生产这个目标去奋斗。他通过观察，发现当代人对汽车使用已普及，预感汽车大赛将会成为人们的一种流行娱乐。这就形成了他的奋斗目标——大力发展赛车。就这样，他克服了重重困难，成立了大卫·布朗公司，不惜投巨资聘请专家和技术人员搞设计，采用先进技术设备进行生产。1948年在比利时举办的国际汽车大赛中，布朗生产的“马丁”牌赛车一举夺魁，大卫·布朗公司因此名声大震，订单如雪片般飞来，布朗从此走上发迹之路，布朗父亲及布朗自己确立的目标都实现了，可谓一箭双雕。

爱因斯坦一生所取得的成功，是世界公认的，他被誉为20世纪最伟大的科学家。他的一生，亦是典型的为目标奋斗的一生。他出生在德国一个贫苦的犹太家庭，家庭经济条件不好，加上自己小学、中学的学习成绩平平，虽然有志往科学领域进军，但他有自知之明，知道必须量力而行。他进行自我分析：自己虽然总的成绩平平，但对物理和数学有兴趣，成绩较好；自己只有在物理和数学方面确立目标才能有出路，其他方面是不及别人的。因而他读大学时选读瑞士苏黎世联邦理工学院物理学专业。

由于奋斗目标选得准确，加上爱因斯坦勤奋好学，个人潜能也得以充分发挥，他在26岁时就发表了科研论文《分子尺度的新测定》。以后几年他又相继发表了四篇重要科学论文，发展了普朗克的量子概念，提出了光量子除了有波的性状外，还具有粒子的特性，圆满地解释了光电效应，宣告狭义相对论的建立和人类对宇宙认识的重大变革，取得了前人未有的显著成就。可见，爱因斯坦确立目标勤奋努力的重要性。假如他当年把自己的目标确立在文学上，或音乐上（他曾是音乐爱好者），恐怕成就就不如在物理学上那么辉煌了。

爱因斯坦在物理学上这个奋斗目标的实现，是与他能准确地选择学习目标和路子分不开的。他在16岁时就明白，知识海洋浩瀚无边，学者不宜在这个海洋里无方向地漂荡，应该选定一个距离自己最有利的目标扬帆前进，避免耗费人生有限的时光。爱因斯坦的学习善于根据目标需要进行，使有限的储存空间得到充分的利用。他创造了高效率的定向选学法，即在学习中找出能把自己的知识引导到深处的东西。抛弃使自己头脑负担过重和会把自己诱离要点的一切东西，从而使他集中力量和智慧攻克选定的目标。他曾说过："我看到数学分成许多专门领域，每个领域都能费去我们短暂的一生。……诚然，物理学也分成了各个领域，其中每个领域都能吞噬一个人短暂的一生。在这个领域里，我不仅学会了识别出那种能导致深化知识的东西，而且学会了把其他许多东西撇开不管，把许多充塞脑袋并使其偏离主要目标的东西撇开不管。"他就是这样指导自己的学习的。为了阐明相对论，他专门选学了非欧几何知识，这种定向选学法，使他的立论工作得以顺利进行和正确完成。如果他没有意向创立相对论，是不会在那个时候学习非欧几何的。如果那时候他无目的地涉猎各门数学知识，相对论也未必能这么快就产生。爱因斯坦正是在10多年时间内专心致志地攻读与目标相关的书和研究相关的目标，终于在光电效应理论、布朗运动和狭义相对论三个不同领域取得了重大突破。

特别值得一提的是，爱因斯坦不但有可贵的自知之明精神，而且对已确立的目标矢志不移。1952年以色列国鉴于爱因斯坦科学成就卓越，声望众高，加上他又是犹太人，当该国第一任总统魏兹曼逝世后，邀请他接受总统职务，他却婉言谢绝了，并坦然承认自己不适合担任这一职务。确实，爱因斯坦是一位伟大的科学家，是他终生努力奋斗才实现了这个目标的。如果他当上总统，那未必会有多大建树，因为他未显示过这方面的才华，又未曾为此目标作过努力学习和奋斗。

犹太人不管是从商从政或是从事科学事业，都注重确立人生奋斗目标，先是确立目标，然后全力以赴而终至成功。目标决定了一生，激励人不畏千辛万苦，充分发挥其潜在能力。犹太人在确立目标中注意切合个人实际和环境，不会把自己的奋斗目标确立在可望而不可即的位置上。如爱因斯坦不会把自己的奋斗目标确立在总统位置上，即使别人推崇他往此目标去，他亦不接受。但有的人心比天高，却力不从心，甚至不肯努力，最终以失败而告终。

10. 善于挖掘自身潜能

拜耳是德国著名的科学家，曾获得诺贝尔化学奖。他从小勤奋好学，进入大学后主要学习物理和数学。毕业后，他觉得自己才21岁，还有潜力多学习一些科学知识，于是又开始攻读化学。由于已有了坚实的物理知识，拜耳学习化学进步很快，第二年他就发表了甲基氯的研究论文，初步显示出他对化学研究的潜能。

拜耳在斯特拉斯大学任教授时，在从事教学工作的同时，充分发挥自己的潜在智慧，开展对酞染料种类的研究，很快成为染料史上确定靛青性质和结构成分的第一位化学家。三年后，他进一步运用自己的学识和研究成果，研究出靛蓝的全部成分，并建立了著名的拜耳碳环种族理论。拜耳临花甲之年，还继续自我挖潜，编写了反映他的研究成果的著作《拜耳科学成就》。可以说，拜耳一生是研究挖潜的一生，成果累累。

如同拜耳一样的犹太人颇多，如多面手贝拉斯科、科学家总统卡齐尔、商学兼优的瓦尔堡家族等。他们的共同点，就是善于自我挖潜，从而获得一个又一个的胜利，取得事业的成功。

事实上，每个人都存在着“潜能”和“经验”，每个人都有其可发挥作用之处。拿破仑有句名言：“世上没有废物，只是放错了地方。”有许多人往往认为自己没有“经验”和“潜能”，没有成功的本领。这明显失之于消极。他们不懂得“经验”有直接经验和间接经验两种。直接经验是自己的实践总结，间接经验是别人的经验。有了经验可以少走弯路，事半功倍。为此，善于自我挖潜的人，懂得不断总结自己的经验，学习别人的经验，其失误就较少，工作效率也较高。有了经验的人，他也懂得怎么去挖掘自己的潜在力量，不至于漫无方向，束手无策。

“经验”实际上亦是“知识”，吸收知识不一定要从正规教育和教科书得来，从艰难困苦中磨炼出来的经验、知识，比从课堂或书本上得到的会更有用。如美国总统林肯没有受过正规教育，但他的知识经验却是超群出众的；犹太人伯林纳没有读过大学，但他创造发明的技术比博士和一般科学家还多，他发明的电话受话器比爱迪生还早，他一生发明了许许多多的新技术新产品，被称为“美国最有价值的一位公民”。这都是他们勤奋好学，善于总结自己和别人的经验，挖掘自己的潜能的结果。

犹太人明白，人的经验和知识不是天生的，而是后天学习的。一个人因生活或工作经验不足、知识不够而招致事业的失败，千万不要失望和气馁，而应该采取补救的办法，随时随地记你所当记的，学习你所当学的。如爱因斯坦，他虽然是一位杰出的科学家，但他同样感到自己的知识和经验的不足，他明白，知识的海洋浩瀚无边，仅数学这门学科，就分成许多专门领域，每个领域都能费去一个人短暂一生的时光。他在创立相对论时，深感自己的非欧几何知识不足，他没有因此放弃自己的奋斗目标，而立志专攻非欧几何，补足这方面知识，最后终于创立了闻名世界的相对论。

不仅科学技术领域，经商也如此。许多商界巨子，都是由于不断地努力充实自己的工作经验和知识，一步步地攀登到最高的位置，走上发迹致富之路。犹太人比奇特尔，从德国移民到美国时，既没有资本，又没有专业知识。为了生活，他从事一些家庭维修业，如厕所、窗户的维修等。他没有经验，悄悄到一些工地观察别人怎么安装和建设这些工程。他自己也找了有关的书籍学习这方面的知识，把自己的精力和潜能全部挖出来。经过几十年的奋斗，比奇特尔公司发展成为世界级的建筑工程集团，年收入超百亿美元。

犹太人形成一种好学风气，他们宁可克制自己的娱乐和忍耐艰辛，而对充实本身的经验和知识却肯大量投资，绝对不会吝啬。他们明白，工作经验和知识的充实，可把自己的潜能充分地带动出来，这成为事业成功的财富。总之，工作上的经验和知识，加上自身的潜能，是一个人的最宝贵财富。它是引导你走上成功的康庄大道，是打开财富之库的钥匙。

第三章
知识胜过金钱，永远不会被夺走

1. 金钱可以被夺走，但是知识不会被夺走

犹太人将知识与求知活动抬高到这样一种自身即为目的的境界，虽然有助于知识和学者的地位的提高，有助于教育的发达，但要是仅仅停留在这一近似于“形而上”的层面上，犹太民族很可能只会成为一个学究的民族。好在犹太人对于知识问题，还有一个相当实际的认识：知识就是人生最大的财富。

有一次，在一条船上，船客多是腰缠万贯的大富翁，还有一名拉比。

富翁们聚在一起彼此炫耀财富多寡。拉比见后说道：“我认为我才是最富有的人，不过现在暂时不向各位展示我的财富。”

航行途中客船遭到海盗抢劫，富翁们的金银珠宝和所有财产都被搜刮一空。海盗离去之后，客船好不容易才抵达某个港口。

拉比的高深学问立即受到港口镇民的赏识，他开始在学校里开班授徒。

不久，这位拉比遇到先前同船而来的富翁们，他们一个个处境凄惨落魄。这时他们看到拉比受人尊敬的样子，一个个明白了当初他所说的“财富”，感慨地说：“您的确说得对，受过教育的人拥有无尽财富。”

从这则故事中，犹太人得出的结论是：

由于知识可以不被掠夺且可以随身带走，所以教育是最重要的，是人类最主要的资产。

犹太人的这个结论十分直观、十分实际。在当今世界上，知识就是财富，受教育程度同收入成正比，几乎已经成为一条严格的定理（除了在少

数地方）。

以美国为例，一个高中毕业生一生大约比一个初中毕业生多挣10万美元（20世纪80年代初水平）；一个大学毕业生又要比一个高中毕业生一生至少多挣20万美元。而在占世界犹太人总数达38%的600万美国犹太人中，高中毕业生当时已达84%，大学生已达32%。相比之下，全美总人口中，只有35%的高中毕业生和17%的大学生。

仅仅这一个差别已经构成了美国犹太人与美国其他少数族类群体的巨大差异的基础：1974年美国犹太人家庭平均收入为1. 334万美元。而白种人中，（有色人种就更不用说了）非犹太族类群体的家庭平均收入只有9953美元，前者比后者高了34%。

对个人来说是这样，对国家来说也同样如此。用一位当了总统后又去当教育部长的伊扎克·纳冯的话来说，就是“教育上的投资就是经济上的投资”。而且，“教育上的投资”岂止仅仅是“经济上的投资”！知识还是一种特殊形态的财富。“不被抢夺且可以随身带走”，这是一个多么大的优点！只有犹太人才可能这么早就领悟、发现、赞美这样的优点。

既然犹太人的信仰往往是增加他们开支的一个大因素，那么，真正可以转化为物质形态的财富的就只有知识了，而知识包括脑的知识——学问和手的知识——技能，同时也就是他们所有投资的浓缩和凝固形式。犹太人在流散四方的途中或新居住点能迅速地找到那些缺乏教育者无法与之竞争的较好的位置，从而站住脚、恢复元气甚至兴盛起来，这笔“资本”所起的作用至关重要。而犹太人自己的国家以色列之所以能在短短几十年内迅速崛起，某种意义上，同样是这笔“资本”的作用。

对于个体犹太人来说，知识的那种“可以随身带走”的灵巧性，也为他们选择同样“可以随身带走”的灵巧职业带来了极大的便利。

在任何一个地方，犹太人都相对集中于金融、商业、教育、医学和法律行业。上世纪70年代初，美国犹太人的职业构成中，这类专业性、技术性、经营性工作所占的比重，男子为70%，女子为40%，而同期全美平均却分别只占28. 3%和19. 7%。在最为灵巧而收入最高的两大行业——医生和律师中，犹太人的比例更是历来奇高：

1925年普鲁士约有33%的医生和25%的律师是犹太人；在犹太人仅占4. 5%的罗马尼亚，有1／3以上的医生，包括兽医是犹太人；而70年代末的美国，约有3万名犹太医生，占私人开业医生总数的14%，约有10万名犹太律师，占律师总数的20%。

看着这些令人不无枯燥的数据，不能不又一次感叹犹太民族、犹太文化和犹太智慧的神秘力量：一个古老民族保存了几千年的价值观念和技术手段，却能同现代社会如此和谐地相吻合，人们不能不又一次猜想，这其中是否真有上帝的安排?

知识胜过财富，这是犹太人较其他民族更重视教育的原因之一，也是他们成为世界上最优秀民族的原因之一，更是他们杰出智慧的表现。

2. 教师和父母如同山一样崇高

犹太民族非常尊敬师长，这也是他们注重知识的一个表现。在希伯来语中，山被称做“哈里姆”，双亲为“赫里姆”，教师为“奥里姆”，同山的发音非常相似。犹太人一向都认为双亲和教师都像是巍峨的高山，比普通人高出许多。

拉夫曾到过一个城镇，命令那里的人斋戒、祈祷来求雨，但雨却没有下。

于是，集会的诵经师便走到藏经龛前大声念诵祈祷书上的话：“上帝让风吹，”话音未落，风立即吹了起来。

诵经师接着念道：“上帝让雨降下来，”顷刻间，雨便下了起来。

拉夫问诵经师："你做了什么特殊的事迹而得到如此丰厚的奖励？"

诵经师答道："我教育孩子们，对穷人的孩子和富人的孩子一视同仁。对于交不起学费的人，我从不收费。而且，我有10个鱼塘，如果有孩子不想学习了，我就给他几条鱼，然后再把鱼从他那里赢过来。这样，他不久就变得好学了。"

因为师德崇高，垂范后世，也因为上帝奖赏有知识的人，所以犹太民族无比崇敬师长。

犹太民族热心教育，犹太儿童从很小的时候开始，就要接受正规教育。3岁上学，每周上课6天，平均每天6小时至10小时，他们必须全心全意地在学校或老师家中，接受《犹太法典》和《犹太教则》的灌输，直到长大成人。但是，成人之后继续提高自己的修养是终生的事情，生命没有结束，充实自身的过程就没有结束。

犹太人有许多勉励个人提高修养的方法。其中之一，就是让成人在晚辈面前保持自己的尊严。犹太人认为，山峰伸出于云中，像是希望长得比天更高。同样地，父母和师长也都应爬上最高的地方，以作为孩子们的模范。

同时，犹太父母还十分注意明智地处理长幼之间的关系。《犹太法典》上就有这样的话："5岁的孩子是你的主人；10岁的孩子是你的奴隶；到了15岁时，父子平等；以后就要看你如何栽培他——他可以成为你的朋友，也可以成为你的敌人。"

在孩子的成长过程中，犹太民族更注重精神上的延续。"我希望将父亲以前所遗留给我的东西，同样留给我的孩子。"这些东西是什么呢？它们是爱情、勤勉、谦虚以及节约的精神。在犹太人心目中，这是比金钱宝贵得多的财富，是应该一代一代一直传递下去的。

在犹太人眼中，最好的父母不见得是花钱最多，肯花钱的父母，而应是那些懂得做人的道理，具有人的尊严的父母。因此，犹太父母在教育子女的时候，同时也在教育自己。

尊重师长，这就难怪犹太民族会有那么多优秀的文化传统了。

3. 教育:犹太人知识的沃土

犹太民族的智慧与丰富的知识除了具有学习和求知的传统这样的“软”的东西外，在“硬件”上，则表现为他们遵奉着一套完善的教育制度。犹太人四处流浪，他们的“学校”也随着他们迁移，在流动不居的恶劣环境下，犹太人从来没有忽视教育，而是将其列为第一位的事情。

从历史上看，犹太人很早就实行了义务教育，称得上源远流长。

从犹太人对教育的重视和对教师的敬重上，任何人都不难想象出教育的场所——学校，会在犹太人生活中具有何等的地位。

在1919年，犹太人正同阿拉伯人处于日趋激烈的冲突之中，耶路撒冷的希伯来大学便在前线隆隆的炮火声中奠基开工。此后连绵不绝愈演愈烈的冲突，并未能阻止这所大学在1925年建成并投入使用。

今天，人口仅400多万的以色列却拥有6所跻身世界一流的名牌大学：希伯来大学、特拉维夫大学、以色列理工学院、海法大学、内格夫—本古安大学和巴尔伊兰大学。

犹太人之所以特别重视学校的建设，除了他们具有那种“以知识为财富”的价值取向之外，更高层次上，还因为在他们看来，学校无异于一口保持犹太民族生命之水的活井。《塔木德》中记载的三位伟大拉比之一，约哈南·本·札凯拉比就认为：学校在，犹太民族就在。

公元70年前后，占领犹太国的罗马人肆意破坏犹太会堂，图谋灭绝犹太人。面对犹太民族的空前浩劫，约哈南殚智竭神想出一个方案，但必须亲自去见包围着耶路撒冷的罗马军队的统帅韦斯巴芗。

约哈南拉比假装生病要死，才得以出城见到罗马的司令官。他看着韦斯巴芗，沉着地说道："我对阁下和皇帝怀有同样敬意。"

韦斯巴芗一听此话，认为侮辱了皇帝，做出要惩罚拉比的样子。

约哈南拉比却以肯定的语气说："阁下必定会成为下一位罗马皇帝。"

将军终于明白了拉比的话，很高兴地问拉比此来有何请求。

拉比回答道："我只有一个愿望，给我一个能容纳大约10个拉比的学校，永远不要破坏它。"

韦斯巴芗说："好吧，我考虑考虑。"

不久以后，罗马的皇帝死了。韦斯巴芗当上了罗马皇帝。日后当耶路撒冷城破之日，他果然向士兵发布一条命令："给犹太人留下一所学校。"

学校留下了，留下了学校里的几十个老年智能者，维护了犹太的知识、犹太的传统。战争结束后，犹太人的生活模式，也由于这所学校而得以继续保存下来。

约哈南拉比以保留学校这个犹太民族成员的塑造机构和犹太文化的复制机制为根本着眼点，无疑是一项极富历史感的远见卓识。

一方面，犹太民族在异族统治者眼里，大多不是作为地理政治上的因素考虑，而是文化上的吞并对象。小小的犹太民族之所以反抗世界帝国罗马而起义，其直接起因首先不是民族的政治统治，而是异族的文化统治，亦即异族的文化支配和主宰：罗马人亵渎圣殿的残暴之举。

另一方面，犹太人区别于其他民族，首先又不是在先天的种族特征上，而是在后天的文化基因上。在一个犹太人的名称下，有白人、黑人和黄种人；至今作为犹太教大国的以色列向一切皈依犹太教的人开放大门，因为接受犹太教就是一个正统的犹太人。

我们完全可以说，为了达到这一文化目的，犹太人长期追求的，不仅仅是保留一所学校，而是力图把整个犹太生活的传统和犹太文化的精髓保留下来。从犹太民族2000多年来持之以恒、极少变易的民族节日，到甘愿被幽闭于"隔都"之内以保持最大的文化自由度，到复活希伯来语，到基布茨运动，所有这一切都典型地反映出了犹太民族的这种独特追求和这种独特追求中生成的独特智慧。

这种智慧就是对民族文化的高度自信、执着和维护！

也正基于此，犹太人才会认为没有知识的人不算是真正有用的人。犹太人绝大部分学识渊博，头脑灵敏。在他们眼里，知识和金钱是成正比的，只有丰富的阅历和广博的知识，才能在世界各行各业中生存。

4. 嗜书如饭，视知识如命

据联合国教科文组织的一次调查表明，在人均拥有图书和出版社的比例上，以色列超过了世界上任何一个国家，为世界之最。

除教科书和再版书外，以色列年出版图书达2000种以上。14岁以上的以色列人平均每月读一本书。

以色列全国公共图书馆和大学图书馆共有1000多所，平均不到4000人就有一所公共图书馆。

以色列办出的借书证有100余万，相当于以色列全国500多万人的五分之一。

犹太人真是一个“书的民族”。在耶路撒冷、特拉维夫或其他以色列的城市中，最多的公共建筑是咖啡馆和大大小小的书店。以色列人的一天往往从一张报纸、一杯咖啡开始。而年轻的大学生则常愿在幽静的书店待上整整一天。

以色列每年都要在耶路撒冷举办国际图书博览会。博览会期间，成千上万的世界各地客人前来洽谈、采购，国内的参观、选购者也是人山人海，不可胜数。而在每年春季举办的“希伯来图书周”则是以色列人自己的图书节。不少犹太人早早备好钱，像盼望一次宏大的盛会一样等待图书节的到来。

在“图书周”期间，以色列许多乡镇的街头、公园都变成了书的市场。人们也可以到大大小小的书店去购买各种廉价书籍。

犹太人可以随便在街头报刊亭里买到当天的《纽约时报》《世界报》《泰晤士报》等，也可以在同一个书摊同时买到严肃的政治刊物和最下流的色情杂志。

不少犹太人是典型的“书虫”和“书痴”，马路边、公园里、候车室中、汽车上，只要是有人群的地方，总能看见专心致志的阅读者。

犹太民族是个嗜书如命的民族，以色列是个书的国度，小小的以色列何以在几十年中传奇般地崛起，这不能不说与他们重视知识有关。

5. 商人也追求学识渊博

在一般中国人的眼里，“学识渊博”只配用在目光深邃、风度翩翩、气宇轩昂的大智者、大学者身上，而商人永远与之无缘，他们顶多是个只知算盘的人，并且满身铜臭的势利眼，简直不足为道。

随着时代的变化，中国人的观念也在不断发生变化。中国在改革开放以后，形成了一股经商潮。大教授、小店员纷纷下海，非常热闹。“商人”这个名词渐渐变得吃香起来，但是人们认为商人只要有钱，有知识无知识都无所谓。中国人就把商人和知识隔离开来了，也就是说，中国人经过千百年历史，终于开始重视商人，但中国人对商人的崇拜，只是对金钱盲目崇拜的一种形式。至于商人应具备哪些素质，什么样的商人才能赚取更多的钱，这些他们几乎都一无所知。

从这一点上来看，犹太人可比中国人聪明多了，他们首先把金钱和知识联系起来，认为商人同样要学识渊博。

与犹太人待在一块，你很快就会发现，犹太民族是知识丰富的民族。犹太人很健谈，话题很多，而且涉及各个方面，大到世界政治，人类生存，小到节假日消遣；长到世界历史、民族历史，短到近期的体育新闻，不管是经济、政治、法律、历史还是生活小细节，他们都能滔滔不绝，谈得头头是道。犹太人有如此丰富的知识，实在是令人大为称奇。

正因为用这么丰富的知识武装了经商头脑，犹太人的经商才总是处于不败之地。在他们的眼里，知识和金钱是成正比的。只有知识掌握了，特别是业务知识掌握多了，在经商中才不会走弯路，才会先到达目的地，也才能更快地赚更多的钱。

犹太商人认为一个商人拥有各方面的丰富知识，是商人的基本素质，是在生意场上能赚钱的根本保证。因为拥有丰富的学识，视野就变得十分广阔，而有一个广阔的视野对商人们形成正确判断，作用实在太大了。在犹太人看来，一个仅能从一个角度观察事物的人，不但不配做商人，也不能算个完整的人。

一个犹太钻石商曾这样问他的合作者："你知道大西洋底部都有哪些特殊鱼类吗？"钻石与大西洋的鱼类似乎搭不上半点关系，问这个问题是不是有点牛头不对马嘴？犹太人为何问这样的傻问题？

犹太人当然没有这么傻。他们认为一个钻石商人需要的是一个丰富的头脑，假如他连"大西洋有哪些鱼类"这样生僻的问题都能了如指掌，那他对钻石业务知识的了解就不可能不精辟。同这样的商人合作，准赚钱。

下面我们就以经营钻石为例，谈一谈商人学识渊博的重要性。

钻石是一种昂贵的商品，也是属于"女人"的商品，按犹太人的经商法来说，钻石是一种很赚钱的商品。

可是在日本，许多商场都摆设了金光闪闪的美丽的钻石制品，但生意始终冷冷清清。是不是犹太人的经商法失灵了呢？

犹太人的经商法从不会失灵，生意失败的原因却仅仅是因为经商者由犹太人变成日本人或其他国人。为什么？难道日本人不就是模仿犹太商人成功的经历，才做起钻石生意来的吗？问题的关键在于光靠模仿是远远不够的，模仿的背后必须还有丰富的知识背景，否则，简单的模仿只能是“邯郸学步”。

“商人要学识渊博”，这是犹太人提出的口号，同时也是他们的经商法则。学识渊博不仅提高人的判断力，还可以增加他的修养和风度。一个文质彬彬和一个粗俗不堪的人，分别去应酬同一宗生意，成功的天平必然倾向前者。

钻石是贵族商品，顾客一般都是有钱的社会上层，他们穿戴考究，举止高贵，他们出入的场合必须是奢华的。假如是一个学识渊博的商人，他除了了解自己的商品以外，还了解商品所针对的顾客的心理，尽力满足他们的需要，选取合理的场所，必要时还要客气而又不失风度地与顾客周旋，取得顾客的信任与重视。这样生意就成功了一半。但是，假如是一个见闻狭窄、学识粗浅的商人，他既不懂得怎样设置铺面、创造气氛，也不知道怎么招揽顾客，更不知道怎样树立自己的信誉，衣饰粗俗，满口粗话，他能赚钱才怪！

但是，有的人仍不明白，钻石和学识渊博到底能搭上多少关系？成功的钻石商到底应具备哪些条件？

有个日本商人，他对犹太商人的经商办法掌握得很好，并取得了贩卖女人手提包的成功，在经营服饰品贸易中立住了脚跟。他想进一步扩大营业范围，就看中了犹太人发财的钻石生意，为了避免遭受同前人一样的失败命运，这个日本商人拜访了当时有名的世界钻石大王玛索巴氏，向他求教。

“钻石生意要取得成功究竟必须具备哪些条件？”

玛索巴氏毫不客气地回答他：

“要想成为钻石商人，必须先要拟好一个一百年的计划。也就是说，单靠你一生的时间是不够的，最少要加上你孩子那一代，要两代人的时间才行。同时，经营钻石买卖，最要紧的一点是获得别人的尊敬和信任，被人尊敬和信任是贩卖钻石的必备基础。因此，钻石商人学识要非常渊博，无论什么事都能知道才好。”

玛索巴氏想考一考日本商人的学识，冷不丁地问：

“你知道澳大利亚近海一带有些什么种类的热带鱼吗？”

日本商人被问得哑口无言。

认为钻石生意要靠两代以上来经营其实是客气地讲，事实上要使学识渊博，一代或两代就能解决是不可能的。犹太人本身也是在继承几千年祖先留给他们的经验的基础上才拥有了这样丰富的学识。但为了能获得别人，尤其是顾客的尊敬和信任，却只能努力做到学识渊博。

学识渊博是犹太人对商人的要求，他们不但要求自己要不断地学习、学习、再学习，而且也要求别人要多学习。他们绝不和那些见闻狭窄、学识浅陋、品行粗俗的人来往。与这些人来往，可能会给自己带来一些眼前的利益，但将使自己在犹太商人群体中的信誉大受影响，所谓“物以类聚，人以群分”，这样会有损于别人对自己的评价。相反，多结交学识渊博的朋友，不但可以相互得益，而且可以提高自己的信誉，有利于自己事业的发展。

犹太商人所以学识渊博，而且追求学识渊博的商人素质，这与他们几千年辉煌的商业智慧和丰富的商业实践关系甚密，也与他们提倡学习，尊重知识，鼓励学习精神的民族传统一脉相承。犹太人将学习定为终生不懈的任务。我们知道，一个人的知识越多，懂得越多，就越会产生怀疑，就越觉得自己的无知，而怀疑正是学习的钥匙，能为我们开启智慧之门；求知的欲望正是我们不懈地学习、探求的动力，而学习让我们不断进步。我们的学习绝不是一个接纳知识、积累知识的简单过程，也就是说，我们不能为了学习而学习，学习让我们丰富，更让我们变得灵活、机智，善于洞见。学习造就我们瞬间决断的能力，这种能力，是长久学习达到融会贯通后才能形成的。这种感觉能力就是知性，它让我们抓住瞬间的机会，预见未来的趋势，洞悉细微处的微妙变化，把握宏观而抽象无形的东西，这就是犹太商人在纷繁宏大、瞬息万变的世界商海中自由搏击，从容自若的根本原因。

要学识渊博，就必须学习，而只有到了学识渊博，始能融会贯通，修成正果。

商人也要学识渊博。进而，学习就是终生不懈的任务。

第四章

把逆境看作人生的机遇

1. 自强不息，制胜人生

“世上无难事，只怕有心人。”世间没有不能成功的事，只有不愿意走向成功的人。

犹太人的一个优良传统，就是自强不息，困难和挫折吓不倒他们，迫害和残杀穷不了他们的路。从罗马帝国时起，犹太民族家园被侵占，大部分犹太人被迫离开故土，流散天涯。在漫长的流亡漂泊岁月中，犹太民族虽然灾难迭起，几乎遭到灭族之灾，但人们发现，今天的犹太民族的特性、宗教、语言、文化、文学、传统、历法、习俗和勤劳智慧的资质没有因这1900多年的悲惨民族史而分崩离析，他们至今仍保持着自己的特色和民族凝聚力。尽管他们长期以来遭受到大放逐、大迁移、大捕杀，但他们仍做出种种惊天动地的伟业。千百年来，犹太民族人才辈出，精英遍布世界。处境恶劣与成果产出形成强烈的反差现象，是这个民族的旺盛生命意识和自强不息的进取精神的反映。

世界连锁店先驱卢宾，是1849年出生于俄国的犹太人。他随父母生活在俄国，受到歧视，不得不迁居到英国，在那里生活了两年，由于温饱无保，不得不又迁居到美国纽约。没有条件读书，他16岁那年随淘金潮流到了加州去淘金。黄金没有淘着，迫使他另谋生路，从摆卖小日用品开始，逐步发展成大商店，最后创造出连锁商店经营模式，成为大富豪。卢宾的成功，在于他没有因几经波折而气馁，在淘不着黄金的情况下，动脑筋，想办法，从千千万万的淘金者身上打主意，想到他们在矿场上需要各种日用必需品，就从这点作为突破口，走上规模经营和连锁销售的发迹之路。

巴拉尼是个犹太人的儿子，年幼时患了骨结核病，由于家境不富裕，无法医治好，他膝关节永久性僵硬了。但是，他没有因此丧失生活的信心，相反，却增强了他生存下去和创大业的决心。他立志学习医学，历尽艰苦，终于学有所成，对医学研究精深，特别对耳科绝症有独到研究。他一生发表了184篇医学科研论文和两本很有研究价值的论著《半规管的生理学与病理学》《前庭器的机能试验》。由于科研成果卓著，他受到了所在国奥地利皇家的嘉奖，被授予爵位，并于1914年获得诺贝尔生理学及医学奖。可以说，这些荣誉和奖励是对他自强不息精神的一种报酬。

让我们再从以色列看看犹太人的自强不息精神。这个国家以犹太民族占主导地位，犹太人占全国人口的83%以上。历尽人间沧桑的犹太人，于1948年才在亚洲西部，地中海东岸的约2万平方公里面积上建立起以色列国。这个国家不但建立较晚，面积狭小，而且土地贫瘠，自然条件极为恶劣，全国国土有80%～90%是沙漠和荒丘，几乎是“不毛之地”。全国资源贫乏，淡水奇缺。就此，不论是天时、地利或时间对以色列都是不利的。但以色列的犹太人自强不息，靠其民族的顽强生存意识和智慧，经过40多年的建国创业，使这块土地出现了举世瞩目的奇迹，“不毛之地”长出了丰硕的庄稼。农业不仅使以色列国民自给自足，并成为该国出口创汇的重要组成部分。他们把荒丘和沙漠改造成良田。1949年到1984年间，共改造和开发出27. 2万公顷可耕土地。缺少农业用水，以挖掘地下水或远地引排解决，使全国农业用水量从1949年的2. 57亿立方米，增加到1984年的13亿立方米。气候条件不利，他们科学调节，这样，使其农业大大发展。今天，以色列人口是其建国初期的8倍多，该国的农业产量却比其建国初期增长了16倍多。

不但农业方面以色列取得了巨大成就，工业和其他行业同样取得了显著发展。

可见，自强不息精神是催人奋进和获取成功的法宝，是犹太人的一种制胜术。因为有了自强不息的精神，就会产生信心，有了成功的信心，就会设法发挥自己潜在的力量，这种力量用于自己的奋斗目标上，就可以排除万难，敢于面对现实，坚持下去，最终获得成功。这就是俗语所说的“精诚所至，金石为开”。相反，没有自强不息精神的人，会轻易自认不能，妄自菲薄，压抑了自我发展的想法和潜力，成功会对其敬而远之。

2. 在失败面前绝不气馁

或许再没有哪一个民族像犹太民族一样，经历过那么多的不幸，经历过那么多的压迫和杀戮。犹太人四处流浪，他们从血腥的屠杀中挣脱出来，他们从险象环生的黑暗丛林中突围出来，他们在无尽的偏见和仇视中默默地抗争着、奋斗着。面对不幸与欺辱，他们从未被击倒，身临困厄与逆境，他们从不畏缩和气馁；他们坚信自己是上帝的“特选子民”，只要自己不失去信念，不停止奋斗就终会取得胜利；他们把逆境和打击看作检验自己信念与意志的机会，也把它们看成是下一次成功的垫脚石。他们已经历了太多的不幸与风浪，习惯了不如意之事十之八九的人生，深知世上绝没有一帆风顺。犹太人认为：人生就是一种挣扎与奋斗，只有受过一次打击就一蹶不振的人才是真正失败的人，而只要敢于从失败中重新认识自己，汲取经验和教训，就可以达到新的起点，最终就会取得成功。我们的周围充满着困难与障碍，也充满着希望与绝望，我们要做的就是坚定信念，培植希望。《塔木德》上记载着一个故事：

有三只青蛙掉进了鲜奶桶中，第一只青蛙说：

“这是神的意志。”于是盘起后腿，一动不动，静静地等待着。

第二只青蛙说：

“这桶太深，没有希望出去了。”于是绝望地慢慢死去。

第三只青蛙说：

“糟糕，怎么掉到鲜奶桶里了，但我的后腿只要还能动，我就要奋力上跳。”这只青蛙一边划一边跳，慢慢地，青蛙的后腿碰到了硬硬的东西，于是他奋力一跃，出了奶桶。原来，鲜奶在他的搅拌下渐渐变成了奶油。

第一只青蛙相信宿命，第二只青蛙毫无信念可言，第三只青蛙坚守信念，顽强努力，充满希望，它便是犹太人的写照。

犹太人顽强而坚韧的精神意志和挑战风险、永不气馁的进取意识，恰恰构成了他们成功的又一重要精神底蕴，从而使他们在充满竞争的世界舞台上纵横捭阖，卓尔不群。犹太人不但敢于冒险，更能于逆境当中从容镇定，自如应付。他们不怕风险，更善于在风险中施展自己的智慧和生存技巧。他们面对失败，绝不气馁，而是吸取教训，重新再来。

3. 从容乐观地应对逆境中的风险与挑战

长期在逆境中生存的民族经历让犹太人习惯于在逆境和困难面前保持从容镇静的心态，可以在险象环生、前途未卜的危急关头豁达乐观，他们甚至把逆境也当作他们成功的机会。下面这个故事，就很好地说明了这一点。

按照犹太人的规矩，安息日是不能工作的，可有的商店的老板为了多赚钱，便不顾规矩，继续营业，这亵渎了神意，当然受到了拉比的斥责。然而，受到拉比斥责的老板却很高兴地给了拉比一大笔钱。拉比若有所悟，高兴地收下了。

到第二周礼拜时，拉比对安息日营业的老板指责得就不那么厉害了，因为他指望那个老板给的钱会更多一些。

结果一个子儿都没拿到。

拉比犹豫了好一阵子，鼓足勇气来到这个老板家里，问他到底是怎么回事。

“事情十分简单。在你严厉谴责我的时候，我的竞争对手都害怕了，所以，安息日只有我一个人开店，生意兴隆。而你这次说话一客气，恐怕下周人家都会在安息日营业了。”

消除一切竞争对手、彻底垄断市场，这始终是成功商人的理想境界。说穿了，商人之间的互相竞争，争来争去不过是争个不同程度的垄断。

垄断可以通过政治手段来实现，也可以通过经济手段来实现，但对犹太商人来说，政治手段是不现实的，因为他们只是政治权力下的受压迫者，他们只是政治的对象，而不是政治的主人。换一下，经济手段也不现实，因为这对经济实力包括商品的生产技术以及质量等要求过高。在犹太商人看来，最有利的垄断局面是别人都囿于种种非理性的成见或因害怕冒险等而不肯或不敢介入之时。这种时候，市场回报很高，但垄断局面的维持却不需要多大的成本。笑话中的商店老板追求的就是这种有利条件。他付给拉比的一大笔钱，不过是安息日赢利的一小部分而已。这点费用比采取其他招徕顾客的手法，如广告、惠赠、削价等，省时省力省钱多了。

毫无疑问，犹太商人的这只生意眼是历史赋予的，当年犹太商人之所以能在几乎无人竞争的情况下从事放债和贸易这些获利丰厚的行业，就因为基督教的教义不准基督教徒从事此类赢利活动。

犹太商人能超脱形形色色的先人之见或刻板模式的束缚，在新兴的行业或领域兴起时最快地发现。比如，当娱乐行业，如表演业、电影业等还被看作不正经行业时，犹太商人已大批进入了这个行业；当美术界还一味只知道保存美学趣味与价值时，犹太美术商人已主宰了纽约第57大街上的世界美术市场；同样，当其他律师，尤其是华尔街上的大律师事务所中的律师，还对人身伤害诉讼嗤之以鼻，把接手这类案子的律师称之为“追救护车的人”的时候，犹太律师正好把它作为自己赚取成功酬金的领地。

4. 从穷困潦倒的犹太乞丐到亿万富豪

欧斯·爱·哈同（1849—1931）于1849年生于伊拉克巴格达。父亲爱隆·哈同是当地英国资本沙逊洋行的小职员，1854年他调往印度孟买的总行工作，全家也随其迁居。爱·哈同排行老三。1873年，24岁的爱·哈同从孟买到香港谋职，在老沙逊洋行当了两个多月的勤杂工，然后又到上海的老沙逊洋行当门房。

哈同是靠“两土”起家的，这“两土”一为土地，二为烟土。土地和烟土在旧上海是两样利润丰厚的大宗商品。烟土的利润正常情况下30%左右，而上海的土地则利润更高。不过，当时上海外商做这两宗生意的人多的是，而像哈同这样由一文不名的穷小子而成百万富翁的，却仅此一人。

1883年，中法战争全面爆发后，法国军队分海、陆两路进攻中国。在这种情况下，上海租界，特别是法国租界内的外国侨民，非常恐慌，纷纷外逃。

老沙逊洋行的老板，面对这样一片混乱状况，也慌了手脚，在外逃与滞留之间犹豫不决，一时不知如何是好。哈同这时已担任该洋行的地产部主管之职，见此便向老板献策。

哈同提出，清政府早已昏庸无能，也奈何不了法国，因此情况只会向利于法国的方向发展。所以，紧张局势不会持续多长时间，上海的市面很快就会重新繁荣，现在人心不定，地价暴跌，倒反是低价购进地皮的大好机会，所以，他劝老板大批购买地皮，多造房屋。

老板接受了哈同的意见，照此办理。中外商人看见老沙逊洋行的这番举动，也渐渐定下心来。不久，中法战争结束，法国殖民势力进一步渗入中国领土，这样不仅迁出租界的人回来了，而且还涌进了更多的侨民。于是房地产价格连连猛涨，老沙逊洋行仅这段时间里的房地产获利就高达500多万两银元。而哈同自己也通过这期间低价购进的地产价格猛涨，而一下子成了百万富翁。

1908年，哈同的鸦片生意也抓住了这样一次投机机会。该年1月1日，英国政府同意与清政府的外务部订立一项试办禁烟的协约，规定“印度鸦片输入中国，以最近五年（1901—1905）平均额51000箱为准。自光绪34年起（1908年），每年递减十分之一，以十年绝灭”。同时，清政府在国内厉行禁令，上海道台贴出布告，要求协同查禁租界内的烟馆。一时间禁烟声浪迭起，清政府似乎动起真格了。

于是鸦片商们纷纷抛出自己的鸦片，唯恐大盘狂跌亏了老本。但哈同却逆而行之，不但留下了自己的鸦片，还趁机大量买入。

没有多久，清政府的禁烟令在列强的干扰下，实际成为一纸空文，声势浩大的禁烟运动有头无尾，不了了之。租界内的鸦片需要量急剧增加，价格随行就市，一路疯涨，最走俏的印度烟土价格几乎同黄金相等。

仅仅这一次，哈同手上的烟土上市就取得了几百万两银子的暴利。

哈同知道在当时国际政治格局下，清政府已是空架子一个，所以才敢于在别人看来不好的形势下，他坚持看好，并乘机低价购进，结果又让他成功了。

哈同的作为或许给了我们一种投机取巧、侥幸得逞的感觉。但实际上，他正是凭着自己灵敏的预见能力，在一种积极乐观的心态下开展他的投机活动的。作为商人，我们不应该去苛责他手段是否有违其他人的尊严和利益，他剥削了中国人民，于感情而言，我们无法接受他；但是，他在那样的环境中的所作所为，确实表现出了一个商人面对风险时的乐观心态和进取意识。

5. 高瞻远瞩，于逆境风险中处乱不惊

1933年，希特勒成立了第三帝国，并渐渐表明了吞并奥地利的野心，奥地利的犹太人纷纷逃亡。在维也纳的罗斯柴尔德家族成员也前往巴黎或瑞士避难，只有路易·罗斯柴尔德男爵为了保护家族在奥地利的财产而坚持留在维也纳。

路易的个性沉着冷静，是个心胸豁达的人物。在希特勒发疯了似的向奥地利发出最后通牒的时候，他竟然还有心情到阿尔卑斯山享受滑雪的乐趣。

几天后，德军迅速占领了奥地利。一天傍晚，两名佩戴着纳粹臂章的黑衫队队员出现在维也纳的罗斯柴尔德家。不料，管家却告之：男爵不在家，正在打高尔夫球。

两名来势汹汹的纳粹信徒对这位上流人物的行事方式感到大吃一惊，愤愤地勉强回去。第二天，又派来了六名队员要带走路易。

男爵毫无惊慌之态，气定神闲地宣称自己必须吃完早餐才能出门。纳粹队员被他的威严气势所慑服，不得不表示同意。

男爵在纳粹队员的簇拥下，走到一间极为豪华、香味弥漫的房间里，一如平时一样，男爵悠然自得地享用那顿丰盛精美的早餐，餐后还吃了水果、抽了根雪茄，然后才满意地站了起来。

路易此去前途未卜，但他却一点也不慌张，依然保持着傲气凌人的贵族气派，随纳粹队员登车而去。

纳粹高层人物们开始盘算如何利用这张王牌来夺取罗斯柴尔德家族的财产和权力。最后，他们提出，释放男爵的条件是向纳粹交出罗斯柴尔德

家族在奥地利的一般财产，以及该家族拥有的维克威兹公司的全部股权。

这一交换条件是苛刻至极的，如果答应了这个条件，等于是宣布在奥地利的罗斯柴尔德家族破产，他们对该公司所拥有的股权至少折合五百万英镑以上，这完全可以说是有史以来最巨额的赎金。

但罗斯柴尔德家族却并不急于赎人，因为他们早作好了准备。

远在男爵遇绑票的前两年，罗斯柴尔德家族就考虑到很可能会有德国吞并奥地利的一天，从而已把维克威兹公司的股权转移到英国的公司名下。这项工作进行得极其隐秘，希特勒政权当然并不知道。

当然，像维克威兹这种具有战略意义的大企业想进行股权转移，必须先得到相关国家的一致同意，否则绝不可能办到。而且，凭借罗氏家族在欧洲政治经济中的显赫地位，做到这点并不难。

经过几番周折，维克威兹公司的经营管理权终于转到英国一家保险公司的名下，而这家保险公司实际上仍属于在伦敦的罗斯柴尔德家族。

维克威兹公司现在是属于英国的公司，在英国的保护之下。根据国际法，尽管德国吞并了奥地利，却无意染指英国的财产。

纳粹本以为既然吞并了奥地利，也就掌握了奥地利的一切企业公司；又在手上持有人质，无疑是占有了绝对的优势。万没想到罗斯柴尔德家族竟敢提出了谈判的要求。

罗斯柴尔德家族因为并无多少财产损失的后顾之忧，所以对交换条件不作轻易的让步。他们对纳粹所提出的要求的答复是，可以在男爵平安获释之后，以三百万英镑的价格出让维克威兹公司的管理权。

希特勒听后震怒不已，原来的打算是做一笔无本生意，现在却反倒要他付出三百万英镑，真是岂有此理！

恼怒的希特勒以男爵的性命来威胁罗斯柴尔德家族，但后者并无畏惧之意。双方的较量继续进行着，此时德国一举吞并了捷克。直到这时，希特勒才获悉它现在是英国的公司，受英国的保护，在国际法的约束下，希特勒无可奈何。最后，只好基本按照罗氏家族的条件达成了协议，不过这项协议因第二次世界大战的爆发而没有履行。

罗斯柴尔德家族面对强大一世的希特勒，冒着财产损失甚至生命危险，于逆境中从容镇定，巧妙智慧地与希特勒周旋，并最终取得胜利。这样在逆境中处乱不惊，从容调度，化解风险，化险为夷的大手笔，堪称经典。这样的心态，这样的气度，伴着聪明的应对智慧，使犹太人镇定自若地纵横于世界商海，并总是充当着世界商业头号选手的角色，令所有民族的人们刮目相看。

6. 苦难磨炼出非凡的承受力

犹太人不是指一个特定的人种，而是指所有信奉犹太教的人。在以色列，有白皮肤的犹太人，也有黑皮肤的犹太人，南也门人是黑皮肤的，而欧洲犹太人则是白皮肤的，他们的生活习惯也不尽相同，但他们的共同点就在于信仰相同，均信奉犹太教。犹太教有一种叫着“加路特”和“苛拉”的信仰观念。“加路特”意即放逐，苦行，赎罪；而“苛拉”意为从放逐中得到解救并赐予福。犹太人坚信，只要他们始终如一地相信上帝，不管受到怎样的苦难和流亡，最终他们都会得到幸福，回到上帝赐予的“应许之地”。正是这种“加路特”和“苛拉”的信仰观念，加上自认为是上帝“特选子民”的教义，使长期处于屈辱逆境中，历尽战乱杀戮的犹太民族获得了永不枯竭的精神动力，虽历经沧桑却依然顽强生存，纵饱受苦难也决不绝望灰心，他们永远保持着坚韧的忍耐和持久的积极进取精神。

苦难是犹太人最切身、最刻骨的生活体验，他们的悲惨故事，实在太多！

德国纳粹占领东欧的时候，对犹太人极其残暴，意欲把他们赶尽杀绝。有个犹太家庭，全家四口躲在一间仓库的小阁楼上，全靠朋友接济度日。

每当纳粹巡逻队或不怀好意的市民走进仓库，他们全家人都得屏声敛气，一点声音都不敢弄出来。时间一长，他们学会了比手画脚，完全以动作来交换思想，传达感情。

为了生存，父母要轮流外出寻找食物和水。

三个月后的一天，母亲外出觅食未归，关心他们的市民说："你们的母亲被德国兵抓住了。"半年后，父亲刚出门不久，两个孩子就听到一声枪响。

父母相继离世后，寻找食物的重担就落在了姐姐的肩上。每当仓库附近有风吹草动，姐姐就掩住弟弟的嘴巴。姐弟俩相依为命，度过一个多月的时光。后来姐姐也一出去就没再回来。从此以后，凡听到异样声响，弟弟只有自己掩住嘴巴。

如今世界上有许多人就是这样生存下来的。他们永不绝望，一息尚存，就要为希望而忍耐。

犹太人认为彩虹是希望的象征，每经历一场暴风雨后，天空便架起桥一般美丽的彩虹。犹太人相信黑暗过后必是光明，这是他们存活下来的信念。

而反观世界上其他民族，却显得脆弱而不堪一击。鸡毛蒜皮的小事，也使其陷入绝境。恋爱失败、高考落第便去自杀，实在是自暴自弃的做法。学术不被承认，工作得不到领导赏识便灰心丧气，消极悲观。

犹太人说，人的眼睛是由黑白两部分组成的，但为什么只让其透过黑的部分看到东西？答案是因为人必须透过黑暗，才能看到光明。

这就是人类忍耐性和承受力的基础。

中国的孟子曾这样说道："天将降大任于斯人也，必先苦其心志，劳其筋骨，饿其体肤，空乏其身，行拂乱其所为，所以动心忍性，增欲其所不能。”孟子的意思是说：如果上天要让某人做大事，成就大业的话，就一定要让他经历一番苦难，比如贫穷、困厄、劳苦等，目的是以此来锻炼他的坚忍不拔的毅力和忍耐力，增强他对未来、对前途的希望和进取心。对于大多数成就大业的犹太人而言，苦难都是他们挥之不去的记忆，而正是这种苦难的经历造就了他们日后的成功与辉煌。我们仰慕他们光彩照人、富有阔绰的一面，却也不该忽略他们曾经饱尝的困厄和苦难，更不该无视他们在苦难当中顽强地承受着、忍耐着；他们在等待着机会，寻找着人生陡转的突破口。他们怀抱希望，积极进取，绝不气馁，于是终于有一天，他们成功了，走到了世界经济舞台的前沿。

罗斯柴尔德家族金融帝国的创始人迈耶·罗斯柴尔德从小就生活在歧视和敌意之下。可以想见，在一浪高过一浪的反犹浪潮下，他们的日子有多么艰难。当他继承父业经营古旧钱币时，并没有人对这种古旧玩意儿感兴趣，但他没有心灰意冷，他相信凭着自己的执着一定能赢得机会。他苦心经营，更苦心专研“古旧钱币学”。后来，他有机会同一位贵族将军交易，尽管此人傲慢，目中无人，但他最终还是被迈耶的博学和幽默所感染。从此以后，迈耶开始了他的成功事业。不过，在他的前半生中，他只算是一个小有名气的钱币商，这显然填不饱他的胃口。但他不急不躁，平静地等待着，暗暗地集聚着力量。他为比海姆公爵服务了20年，作为心怀大志，想出人头地的迈耶而言，在别人的手下做事显然有违自己的性格，但他忍耐着。法国大革命的爆发促成了欧洲军火和金融市场的空前活跃，于是迈耶终于有了大展身手的机会。他非常活跃地从事着军火和金融交易，苦苦修炼了20年，巨龙终于从黑暗、寒冷的海底一跃而起，挟疾风劲雨之热，掀起了翻江倒海的波澜，并最终成为欧洲金融帝国的掌门人。

迈耶的历程向我们暗示了一个道理，苦难并不可怕，只要我们坚忍不拔，怀抱希望，积极进取，漫长的苦难与忍耐之后，就是光明的曙光显现之时。

7. 让苦难成为事业的动力

迈耶的苦难与磨炼更多的是在开拓自己事业的道路上，退一步说，他毕竟还是衣食无忧。然而，却还有那么多的犹太人是从贫困、饥饿中成长起来的，他们最初只是在脏乱不堪的贫民窟中挣扎，然而，他们最终走出了贫民窟，走出了旁人蔑视和厌恶的视线，成为了令人羡慕的巨富和叱咤风云的超人。

约瑟夫·贺希哈，这位股票世界常赢不输的超人，正是这样一个从贫民窟中走出来的人。让我们从约瑟夫·贺希哈苦难的童年开始，去追索他曾走过的苦难历程。贺希哈先生的故事将告诉我们该怎样去面对苦难，该如何去奋斗；又该怎样面对生活，怎样去回报社会。

1908年5月，熊熊大火烧懵了8岁的小约瑟夫，也把他烧成了一个小乞丐。

与母亲和兄弟姊妹们赖以栖身的小房子只剩下断壁残垣，散发着缕缕青烟……

兄弟姊妹们被别人领养走了，当一对老年夫妇要领养小约瑟夫的时候，小约瑟夫仿佛才从梦中惊醒，“就是当乞丐我也要和妈妈在一起”。小约瑟夫从小失去了父亲，再不能离开母亲了。

大火烧出一个小乞丐，也烧出一个会思考的男孩子。

小约瑟夫不懂，为什么有人享福，有人受苦。他也要去享福的世界，他要逾越那条低等和高等之间的鸿沟。

他来到纽约，回到了母亲的身边。新鲜的世界让从乡野里来的小约瑟夫目不暇接。他还没有看够这个世界，就被母亲带到了和刚才完全不同的世界——位于纽约布鲁克林区的杂乱肮脏的贫民窟。不久以后的一天下午，母亲不幸被大火烧伤，住进医院。她住的是乱哄哄的大病房，那些有鲜花有地毯有白色天使特别护理的病房，母亲却无缘问津。饭店食品店比比皆是，而小约瑟夫却饥一顿饱一顿在垃圾桶里找东西吃，这一切都是因为没有钱。那声鄙夷的“穷鬼”刺痛了小约瑟夫的自尊心，那块饼干不重却砸碎了小约瑟夫的心，他警醒了：没有钱永远会被人看不起！

钱，钱，钱！

金钱是旋转世界的魔方。金碧辉煌的摩天大楼，低矮潮湿的贫民窟；欢乐幸福、沉重悲哀；慷慨大方、尔虞我诈；脑满肠肥、瘦骨嶙峋……这一切，都和金钱有关。

小约瑟夫要拥有金钱。

1911年春暖花开的季节，曼哈顿区百老汇街纽约证券交易市场熙熙攘攘。年仅11岁的国民小学五年级的学生约瑟夫也在这里穿梭着，看着、听着、想着。一无所有可以转眼拥有百万，他的血液在沸腾，他震惊了：“这里才是我的天堂，我一定要加入这个行列去。”

3年以后，14岁的约瑟夫，个子蹿得老高，腰挺背阔，从一个小男孩长得像一个男子汉了。他没有征得母亲同意就不假思索地辞掉了在当时看来很不错的珠宝店小伙计的工作，雄心勃勃地要向纽约证券交易所进攻。年轻幼稚的他怎么也没想到当时是第一次世界大战刚刚开始的时候，纽约证券交易所一派冷冷清清，往日热闹非凡的景象荡然无存。

他不得不重新找工作，但他决心要找一个与股票有关的工作。然而，没有一家公司的大门向他打开，他几乎要绝望了。就在他精神濒临崩溃准备回家接受母亲的责骂的时候，依奎布大厦爱默生留声机公司终于露出了天使般温柔的面庞，他做了办公室的收发员，中午还兼任接线生。

他满腔热情地开始工作。不久，他发现虽然爱默生留声机公司发行股票并且经营股票，但是他从事的工作却与之毫不沾边。终于，他在上班6个月后的一天上午，鼓起万分的勇气敲开了总经理办公室的门，从容镇定地走进去，大胆地迎着总经理由惊愕变得咄咄逼人的目光：

“我要做您的股票经纪人。”

胆量是股海冲浪的首要条件，他的胆量征服了总经理。两个星期后，他开始为总经理绘制股票行情图。

从不熟悉到熟悉，他兢兢业业绘制了3年的股票行情图。为了多赚些钱贴补家里，他开始为华尔街劳伦斯公司做同样的工作。耳濡目染和苦心钻研，使他的炒股知识和经验不断地增长着，他越来越成熟了，这个股市的门外汉踏进了股市的大门。

1917年，约瑟夫17岁，他不再受雇于人。虽然倾其所有他也只有255美元，但是他要开创自己的事业了。

不到一年，他炒股一帆风顺，赚了16.8万美元。“天有不测风云”，被胜利冲昏了头脑的他由于买下了大量的因战争结束而暴跌的雷卡瓦那钢铁公司的股票，转眼又赔得只剩下4000美元。冥思苦想之后，他终于明白股市变幻莫测，自己的知识和经验还相当有限。为此他疯狂的学习并遍访各路股市高手。他没有被困难吓倒，他想，现在总比初涉股市时的本钱多，一定要再干下去。

1924年，他发现未列入证券交易所买卖的某些股票实际上是有利可图的。这些股票利润虽然不算太大，但风险极小，他就把精力放在了这些股票上。开始时资金不够，他就和别人合资经营，不到一年，他就开设了自己的证券公司——贺希哈证券公司。到1928年，他已成为股票大经纪人了，每月收益达28万美元。那年，他才28岁。在当时的金融业中，还是一个初出茅庐的小伙子就拥有这样一方领地，的确不多见。

经济危机迅速席卷了美国，又从美国蔓延到西欧，工农业生产下降了三分之一。美国的生意已经很难做了，今后的道路应该怎么走？

约瑟夫随之把眼光转向了矿产丰富的加拿大。1933年，他在多伦多开设了证券公司，成为当地屈指可数的大经纪商。4月，他与加拿大产业巨子拉班兄弟联袂开设戈纳尔黄金公司，以每股20美分的廉价取得该公司59.8

万股的上市股票。在他们的参与下，该股票价格扶摇直上，3个月后涨至每股25美元，他见股价涨得过热，料定会出现大的滑坡，因此他又悄悄地卖出。果然如他所料，10月股价大跌，为此他又因先见之明而赚了130万美元。从1933年到1953年的20年间，约瑟夫不仅拥有了金矿，而且还吞并了诸如铀矿、铁矿、铜矿、石油等矿产业。除此之外，房地产生意也做得很红火。他的事业蒸蒸日上，取得了辉煌的成就。

凭着对股票生意的天赋，凭着对股票事业的执着，更凭着他的智慧和胆量，约瑟夫从贫民窟走出，成为亿万富翁。

虽然从衣衫褴褛的乞丐成为了拥有亿万的富翁，但约瑟夫从不忘记与自己长期合作患难与共的伙伴，更没有忘记生他养他的受尽苦难的母亲。

他所信仰和奉行的是：去探索善良吧，那是一片广袤而静悄悄的领域。

他始终不能忘记自己曾经有过的那段生活。他与贫穷似乎有着血缘上的联系。他向学校捐款，使贫穷人家的孩子也有机会受教育；他向盲人医院、孤儿院捐款，使残疾人和无依无靠的孤儿能活得更幸福。他特别喜欢资助那些贫穷而又富有艺术才华的学生们，使他们能够把全身心都投入到艺术之中。有人这样做是为了赢得公众的欢心，从而更有利于公司的发展。约瑟夫不是这样，他不准下属和被捐赠单位张扬。他在追寻着自己年轻时因为生活所迫而没有上成大学的美好的梦。

他的事业并不只是赚钱，并不只是股票投机生意，他的慷慨大方而又悄声无息的捐赠，他对艺术的热爱和对艺术人才的关爱，都是他人生价值的体现。人生价值的实现就是他的事业。做股票投机生意获取金钱只是他实现人生价值的经济基础，没有这个基础，就谈不上捐赠也谈不上追求艺术。他说做股票投机生意使他体会到生命的乐趣和生命火花的激荡，使他感觉自己还年轻，还有敏捷的思维，还能和年轻人搏一搏。他说，一时的输赢并不重要，重要的是你个性的充分展现。他有句很潇洒的话："不要问我能赢多少，而要问我能输得起多少。"

从贫穷到富有，从乞丐到富翁，从约瑟夫令人惊心动魄的传奇经历中，我们不难发现通往富有的道路就在你的脚下，只要你执着地去追求，用心地去把握机会，果断地运用你的胆识，富有就实实在在在你的身边。

8. 在逆境中发挥冒险精神

身处逆境当中，不气馁，不失去希望当然是重要的，承受压力甚至苦难，顽强地忍耐着等待机会更显可贵。但是，命运的改变往往就在于某一个机会上。抓住这个机会可能成功，也可能失败，成功与失败均是不可预见的。去做就意味着冒险；而失败与成功都不可把握时，就更意味着风险。那么，面临此等机会，我们该怎么办？由于是身处逆境当中，我们可以凭借或依赖的东西非常有限，往往就是“抵上身家性命，成与不成在此一搏”，赢了，我们的人生就此改变，输了，就是一败涂地。一般的人，往往会望而却步，甘愿放弃机会，而勇敢者就会知难而上，激流勇进。俗话说：“谋事在人，成事在天”，只要我们充分估计了自己的能力和各方面状况，不是盲目冒进，就应该大胆地去尝试，去冒险。

当机会来临时，不敢冒险的人永远是平庸之辈。“高风险，意味着高回报”，只有敢于冒险的人，才会赢得人生辉煌；而且，那种面临风险，审慎前进的人生体验更为我们练就了过人的胆识，这更是宝贵的精神财富。犹太人无疑是这种财富的拥有者。他们凭着过人的胆识，抱着乐观从容的风险意识知难而进，逆流而上，往往赢得了出人意料的成功。这种身临逆境，勇于冒险的进取精神是成就“世界第一商人”的又一重要因素。

犹太人历来以冒险家闻名于世。无论在东方还是西方，在很长一段时间内，“冒险家”都是一个贬义的称呼，不过，现在人们的观念终于转变过来了。人们认识到，风险是客观存在的，做任何事情都有成功与失败的可能。因为促成一件事情成功的因素在严格意义上是不可穷尽的，人的力量只能对其中的一部分加以掌控。所以，做任何事情都有风险，只是大小不同罢了。如果一件事成功与失败的概率相等或后者更大，那么做这件事无疑要冒很大风险。现代社会中充斥着种种冒险游戏。在经济领域，投资意味着风险，特别是炒股票，风险就更大。不过，经济原理告诉我们：风险越大，收益的绝对值越大。商家的法则就是风险越大，赚钱越多，特别是对于一个前人尚未涉足的市场领域，作为开拓者就更要冒风险。犹太商人就是这样的冒险家，当然，称冒险家不太时髦了，应该叫“风险管理者”。当机会来临时，他们毫不犹豫。机不可失，时不再来，当一次风险管理者，说不定就一鸣惊人！

哈默和洛克菲勒就是犹太冒险家的杰出代表。

哈默最大的一次成功在利比亚。无论是哈默本人，还是西方石油公司的3万名职员和35名股东，一提起此事，他们都会惊叹不已。对于一个像西方石油公司那样的一个企业，从来没有碰到过近似利比亚的事情，这类事情也许是百年不遇。

在意大利占领期间，墨索里尼为了寻找石油，在利比亚大概花了1000万美元，结果一无所获。埃索石油公司在花费了几百万收效不大的费用之后，正准备撤退，却在最后一口井里打出油来。壳牌石油公司大约花了5000万美元，但打出来的井都没有商业价值。西方石油公司到达利比亚的时候，正值利比亚政府准备进行第二轮出让租借地的谈判，出租地区大部分都是原先一些大公司放弃了的利比亚租借地。根据利比亚法律，石油公司应尽快开发他们的租借地，如开采不到石油，就必须把一部分租借地还给利比亚政府。第二轮谈判中就包括若干孔“干井”的土地，但也有许多块与产油区相邻的沙漠地——来自九个国家的四十多家公司参加了这次投标。

哈默虽充满信心，但前途未卜，尽管他和利比亚国王私人关系良好。因为，他不仅这方面经验不足，而且同那些一举手就可推倒山的石油巨头们竞争实力悬殊太大，真可谓小巫见大巫。但决定成败的关键不仅仅取决于这些。

哈默的董事们坐飞机都赶了来，他们在四块租借地中投了标。他们的投标方式不同一般，投标书用羊皮证件的形式，卷成一卷后用代表利比亚国旗颜色的红、绿、黑三色缎带扎束。在投标书的正文中，哈默加了一条：他愿意从尚未扣税的毛利中拿出5%供利比亚发展农业用。此外，还允诺在国王和王后的诞生地库夫拉附近的沙漠绿洲中寻找水源。另外，他们还将进行一项可行性研究，一旦在利比亚开采出水源，他们将同利比亚政府联合兴建一座制氨厂。

最后，哈默终于得到了两块租借地，使那些强大的对手大吃一惊。这两块租借地都是其他公司耗巨资却一无所获后放弃的。

这两块租借地不久就成了哈默烦恼的源泉。他们钻出头三口井都是滴油不见的干孔，仅打井费一项就花了近300万美元，另外还有200万美元用于地震探测和向利比亚政府的官员交纳的不可告人的贿赂金。于是，董事会里许多人开始把这雄心勃勃的计划叫作“哈默的蠢事”，甚至连哈默的知己、公司的第二大股东里德也失去了信心。

但是哈默的直觉促使他坚持不懈。在创业者和股东之间发生意见分歧的几周，第一口油井出油了，此后的另外八口油井也出油了，而且是异乎寻常的高级原油。更重要的是，油田位于苏伊士运河以西，运输非常方便。与此同时，哈默在另一块租借地上，钻出一口日产703万桶自动喷油的珊瑚油藏井，这是利比亚最大的一口井。接着，哈默又投资1. 5亿美元修建了一条日输油量100万桶的输油管道，而当时西方石油公司的资产净值只有4800万美元，足见哈默的胆识与魄力。之后，哈默又大胆地吞并了好几家大公司。这样，西方石油公司一跃而成为世界石油行业的第八个姊妹。

哈默一系列事业的成功，完全归功于他的胆识和魄力，他不愧为一个犹太大冒险家。此时，另一个大冒险家洛克菲勒也同样让世人惊叹。

19世纪80年代，在关于是否购买利马油田的问题上，洛克菲勒和同事们发生了严重的分歧。利马油田是当时新发现的油田，地处美国俄亥俄州西北与印第安纳东部交界的地带。那里的原油有很高的含硫量，反应生成的硫化氢发出一种鸡蛋腐烂的难闻气味，所以人们都称之“酸油”。没有炼油公司愿意买这种低质量原油，除了洛克菲勒。

洛克菲勒在提出买下油田的建议时，几乎遭到了公司执行委员会所有委员的反对，包括几个他最信任的得力助手。因为这种原油的质量太低了，价格也最低，虽然油量很大，但谁也不知道该用什么方法进行提炼。但洛克菲勒坚信一定能找到炼去高硫的办法。在大家互不相让的时候，洛克菲勒最后开始进行“威胁”，宣称将个人冒险去“关心这一产品”并不惜一切代价。

委员会在洛克菲勒的强硬态度下被迫让步，最后标准石油公司以800万美元的低价买下了利马油田，这是公司第一次购买产油的油田。此后，洛克菲勒聘请一名犹太化学家花了20万美元，让他前往油田研究去硫问题，实验进行了两年，仍然没有成功，此期间，许多委员对此事仍耿耿于怀，但在洛克菲勒的坚持下，这项希望渺茫的工程仍未被放弃。这真是一件天大的幸事，又过了几年，犹太科学家终于成功了！

这一丰功伟绩，正充分说明了洛克菲勒具有能够洞穿迷雾的远见，也具有比一般大亨更强的冒险精神。

9. 诺贝尔文学奖的“奇葩”与苦难决斗

犹太女作家戈迪默无疑是犹太民族的骄傲。她是25年来（1991年）第一位获诺贝尔奖的女作家，也是诺贝尔文学奖设立以来的第七位女性获得者。然而，这份荣誉是她用40年的心血和汗水浇铸的，这当中，她多次面临困厄与失败，但她从不沉沦，毫不气馁。40年的风雨，那是一段漫长的苦难的难忘记忆。

1991年10月3日，一个平淡无奇的日子，但是这一天对于南非犹太裔女作家戈迪默来说，却是非同寻常的一天。这一天，她获得了1991年度的诺贝尔文学奖，这块文学金牌勾起她一段难忘的回忆……

戈迪默于1923年11月20日出生在约翰内斯堡附近的小镇——斯普林斯村，她是犹太移民的后裔，母亲是英国人，父亲是来自波罗的海沿岸的珠宝商，富裕的家庭生活造就了小戈迪默的无限憧憬和遐想。

6岁那年，她抚摸和凝视着自己纤细而柔软的躯体，做起了当一名芭蕾舞演员的梦，她从剧院里得知，舞台生涯最能淋漓尽致地表现人的修养和思想情感，也许这就是她追求的事业。于是，一个阴雨连绵的星期六，她报了名，加入了小芭蕾剧团的行列。事与愿违，由于体质太弱，她对大活动量的舞蹈并不适应，时不时一些小病小灾纠缠得她不可自拔。久而久之，小戈迪默被迫放弃了对这项事业的追求。

遗憾之余，这位倔强的女性暗暗发誓：条条大道通罗马，她终究要找到适合自己的成功之路。

然而，命运不但不赐福给她，反而把她逼上越发痛苦的深渊。8岁时，她又因患病离开了学校，中断了童年时的学业，夜晚，她常常流着无奈的泪水盼着天明。她只好终日坐在床上与书为伴了。一个明媚的夏日，心烦意乱又十分孤独的戈迪默，偷偷地走上了大街，她想从车水马龙的街面上获取一点快乐。突然，她被一块不大不小的木牌所吸引，久久不愿离开："斯普林斯图书馆"！她欣喜若狂，早已将课本读熟了的她，最渴望的莫过于书。

此后，她一头扎进了这家图书馆，整日泡在书堆里。图书馆下班铃响了，她却一头钻在桌子底下，等图书馆的大门确实锁上了，她才钻出来，在这自由自在的王国里，她尽情而贪婪地吸吮着知识的营养。无数个日夜，使她对文学产生了浓厚的兴趣。

终于，她那嫩弱的小手拿起了笔，一股股似喷泉一样的情感流淌在了白纸上。那年，她刚刚9岁，文学生涯就此开始。出人意料的是，15岁时，她的第一篇小说在当地一家文学杂志上发表了。然而，不认识她的人，谁也不知道这篇小说竟出自一位少女之手。

1953年，戈迪默的第一部长篇小说《说谎的日子》问世。优美的笔调，深刻的思想内涵，轰动了当时的文坛，戏剧界、文学界几乎同时将关注的目光投向了这位非同一般的女作家——内丁·戈迪默。

像一匹脱缰的野马，戈迪默的创作一发不可收拾。漫长的创作生涯，她相继写出10部长篇小说和200篇短篇小说。多产伴着上等的质量使她连连获奖：1961年，她的《星期五的足迹》获英国史密斯奖；1974年，她意外地又获得了英国的文学奖。

创作上的黄金季节，使戈迪默越发勤奋刻苦。她说："我要用心血浸泡笔端，讴歌黑人生活。"满腔的热忱很快就得到报答。她的《对体面的追求》一出版，就受到了瑞典文学院的注意。

接着，她创作的《没落的资产阶级世界》《陌生人的世界》和《上宾》等佳作，轻而易举地打入诺贝尔文学奖评选的角逐圈。

然而，就在她春风得意，乘风扬帆之时，一个浪头伴一个旋涡使她又几经挫折——瑞典文学院几次将她提名为诺贝尔文学奖的候选人，但每次都因种种原因而未能如愿以偿。面对打击，这位弱女子有所失望。她曾在自己著作的扉页上，庄重地写下："内丁·戈迪默，诺贝尔文学奖"，然后在括号内写上"失败"两字。然而，暂时失望并没有影响她对事业的追求，她一刻也没放松文学创作，终于，她从荆棘中闯出了一条成功的路。

10. 用不屈的意志跟逆境“玩”到底

一家有名的博物馆，在不太惹人注意的墙上，挂了一幅特殊的画，题为“将军”。画面上是一个人正在和魔鬼下棋。图中的人集合了以前所累积的智慧、洞察力、经验以及战略，与邪恶的魔鬼奋力拼杀。

这盘棋，象征着人类在世界上的生活，所以比赛显得尤其重要。为了获胜，双方均使出浑身解数。令人非常遗憾的是，局面呈现出的形势是：人类眼看就要落败了，魔鬼将了一军，败势已现。

有位特别的人来参观博物馆，看到了这幅画，并且深深地理解了画的涵义。他身心激动地站在画前不肯离去，嘴里迸出一句话来：

“魔鬼怎么能将人的军，会有这种事情吗？”

他又凝目看了许久，突然一跃而起，疯狂地大叫道：“骗人，骗人！”

博物馆里不能大喊大叫，他被赶走了。但他转身又回到画前，发出抗议的吼声。他当然又被拉出去，又再返身进来，而博物馆已派了守卫守在那儿，以防止他的再度骚扰。

他一进来，就有许多游客将他团团围住，他仍然痴迷地愤怒地高喊：

“骗人，骗人！还将不死，还有希望，还有一招……”

观众听到喊声，也都注意画面上的棋盘，看到的情形是人类已经落入陷阱之中，无法取胜了。但这个人却是一位象棋高手，他看到貌似绝望的棋局还有解救之法，就是说，人类还有一步好棋可下，下了这一招，人类就能得救。

的确，魔鬼可以把人拉来下棋，使人濒临毁灭的边缘。可是，人类经常都留有最后一手，那正是起死回生的一手。人类的希望就在这里。

生命的天平，常在希望和绝望之间摇摆不定。只要加强希望的分量，就能保护生命，就可以使天平的指针倾向于向着人类的方面，与其和绝望搏斗，不如先加强希望。

11. 把失败当作奠基石的服装巨人

罗森沃德是美国最大的百货公司西尔斯—娄巴克公司的最大股东，他也是美国20世纪商界风云人物。然而，这个做服装生意起家的富翁却也经历了许多创业时的失败与艰辛。

罗森沃德1862年出生在德国的一个犹太人家庭，少年时随家人移居美国，定居在伊利诺伊州斯普林菲尔德市。

罗森沃德的家境不太好，为了维持生活，中学毕业后，他就到纽约的服装店当跑腿，做些杂工。罗森沃德年幼时就受犹太人的教育影响，确立了艰苦奋斗的精神。他确信凡人皆有出头日，一个人只要选定了目标，然后坚持不懈地往目标迈进，百折不挠，胜利一定会酬报有心人的。罗森沃德本着这种精神，十分卖力地赚了几百块钱。

“我要当一个服装老板。”这是罗森沃德的奋斗目标。为了实现这个目标，他除了在工作中留心学习和注意动态外，把全部的业余时间用于学习商业知识，找有关的书刊阅读。到1884年，他自认为有些经验和小本金了，决定自己开设服装店。可是，他的商店门可罗雀，生意极不佳，经营了一年多，把多年辛苦积蓄的那点血汗钱全部亏光，商店只好关门。罗森沃德垂头丧气地离开纽约，回伊利诺伊州去了。

痛定思痛，罗森沃德反复思考自己失败的原因。最后，他找出了原由：服装是人们的生活必需品，但又是一种装饰品，它既要实用，又要新颖，这才能满足各种用户的需求。而自己经营的服装店，没有特色，也没有任何新意，再加上自己的商店未建立起商誉，没有销售渠道，那注定是要失败的。针对自己出师不利的原因，罗森沃德决心改进，他毫不气馁，继续学习和研究服装的经营办法。他一边到服装设计学校去学习，一边进行服装市场考察，特别是对世界各国时装进行专门研究。一年后，他对服装设计很有心得，对市场行情也看得较为清楚。于是，决定重整旗鼓，向朋友借来几百美元，先在芝加哥开设一间只有10多平方米的服装加工店。他的服装店除了展出他亲自设计的新款服式图样外，还可以根据顾客的需求对已定型的服式加以改进，甚至完全按顾客的口述要求重新设计。因为他的服装设计款式多，新颖精美，再加上灵活经营，很快博得了客户的欣赏，生意十分兴旺。两年后，他把自己的服装加工店扩大了数十倍，改为服装公司，大批量生产各种时装。从此以后，他的财源广进，声名鹊起。

在人生的游戏中，失败时常发生，每个人都不要悲观，因为失败并不意味着没有希望，相反，“失败是成功之母”，活用失败与错误，是自我教育和提高的有效途径。商场如战场，成功的背后可能有更多失败的辛酸。作为商人，面对失败，就应该像爱迪生那样坦然而绝不气馁。爱迪生一生有1000项科技发明，当有人问他经过许多试验而失败后是否会感到心灰意冷时，他回答说：“不，我抛弃了错误的试验，重新采取别的方法，绝不沮丧！”的确，面对失败，一定要记住，绝不气馁！现代管理学的说法就是：失败就是我们的学习曲线和经验曲线的自变量，只有经历失败，才会吸取教训和积累经验，为下一次做准备。

总结起来，犹太人面对失败、挫折时，遵循的法则就是：

（1）对“失败”持正确健康的态度，不要恐惧失败，要懂得失败乃是成功必经的过程。

（2）焦点不要对着过错与失败！应对准远大的目标，活用自己的过错或失败。

（3）遇到失败时，千万不能气馁，要坚忍不拔，矢志不移。

（4）发现此路不通时，要设法另谋出路，使自己顺应环境，适应潮流。

（5）要善于伺机，巧于乘势，等待机遇。

第五章

比起金钱来，更重视时间

1. 时间是生命，逝去不再来

“时间就是金钱”早已成为人所共知的经典，但它却被犹太人领悟得最早。不仅如此，犹太人更把时间看成生命。时间究竟是什么，它又有多宝贵，绝大多数人是无从知晓的。许多时候，当人们醒悟到时间的宝贵时，时间已匆匆而去。生命不可重复，时间对每个人只有一次，对时间的损失我们永远无法追偿，谁能抓住时间，谁就是成功者。

犹太人把时间看得很重要，在工作中往往以秒计算，分秒必争，强烈的时间观念提高了他们的工作效率。他们把时间和商品对等，提出“切勿盗窃时间”的口号，认为占有别人的时间就像偷窃别人金柜中的钱财一样可耻。

但犹太人绝不做时间的奴隶，他们更懂得生活，更懂得休息。如果为了工作而占用了享受生活的时间，那便是罪恶。

犹太人对时间的认识比其他民族要深刻得多。每个民族都有对时间重要性和不可重复性的描述。汉语用“白驹过隙”来形容时间过很很快，同样用“南柯一梦”来形容人生的短暂、时间的弥足珍贵；当然，那句“一寸光阴一寸金，寸金难买寸光阴”的千古警句永远提醒人们要珍惜时间，爱惜光阴。在当代社会，金钱大有主宰一切的架势，于是人们喊出了“时间就是金钱”的口号，这句话的本意是指要注意办事的效率，不可拖沓延误时间，但实际上，金钱固然重要，但失去了可以再挣回来，而时间一去不复返；金钱可以存留，可以储蓄，但时间不可停留，也不能储蓄。因此，时间远贵过金钱。

有一位犹太拉比带来一块手表，背面镌刻着“爱惜光阴”四个字，他把这块表拿给学生们看，学生们不以为然，认为这根本就是俗套，毫无新奇之处。拉比惊异于学生们的无动于衷，他慢慢地说：

“有一句俗话叫‘时间就是金钱’，这句话并不对，因为它让人产生误会。假如说时间就是金钱的话，我们就只能为金钱所累，为时间所驱使。因为金钱的欲望是无限膨胀的，但时间却总有限，用有限的时间去追逐无限的金钱，我们就永远不能成功，只会受到时间和金钱的双重压迫。金钱可以增值，而时间却永远不会停留，不抓住就意味着永远失去。”

“时间就是金钱”这句话应改为“时间就是生命”，或者“时间就是人生”，我们不能做时间的奴隶，而要做时间的主人，从而做生命的主人。

可实际上，我们又有多少人知道时间的宝贵呢？小孩基本没有时间观念，因为他们的生命才刚刚开始，时间还远没有尽头。可时间已像飞轮一样飞转了，到他长大后，才真正知道时间的重要，于是，便开始了与时间的赛跑。可是，与时间赛跑，就像马在风中跑一样，永远都在风里跑，我们永远跑不过时间。人生不可重复，“生命既已逝，盛年不再来”，对时间的损失我们永远无法追偿。说到底，时间观就是我们人生观之要义。我们永远思索着怎样去安排时间，去驾驭时间，如何在有限的生命中去创造最高最丰富的价值。我们能亲身体验时间的机会只此一次，我们必须好好把握这一次的机会。因而，珍惜时间，体验时间的同时，我们更应善待人生，我们必须在有限的时间中和有限的生命中去寻求人生价值的平衡。既不能做工作狂，抓紧了时间，却忽视了人生的乐趣，也不能只图享受人生，却放纵了时间，一事无成。

犹太人说：“人若不去享受神赋予的快乐，是一种罪恶；但如果过分享乐，同样是一种罪恶”，“真正懂得珍惜时间的人，就知道珍惜生命，善待人生，享受生活”。

适当享乐，抓紧时间，完善生命，这才是最美好的。

2. 时间绝不能随意浪费

对于生命而言，它是时间的所有凝结。犹太人很懂得时间的价值，认为时间是商品。“勿浪费时间”是犹太人的格言之一。他们每天工作8小时，常以1分钟多少钱的概念来工作，一个打字员如果下班时间到了，即使剩下十几个字就可完成的文件，她也会立即放下工作下班。

正因为犹太人把时间视作商品，他们对时间是按分按秒计算的。犹太人会见客人，十分注意恪守时间，绝不拖延。客人来访，则需要预约时间，否则要吃闭门羹。犹太人对于突然来客是十分讨厌的，如果是做生意，可能会导致失败。

在工作当中，犹太人将“马上解决”奉为圭臬，他们认为拖沓推迟就是浪费时间，在卓越的犹太商人的办公桌上，你永远看不到“未决”文件，他们总是抓紧时间批阅文件，积压文件就意味着不能最快地了解到这些文件传达的信息。这些信息可能是有关商品交易的信息，也可能是合作伙伴的意向书，也可能是部下的请示，这当中蕴藏着赚钱的机会，也包含着关键的决策，更意味着工作的效率。如果错过时机，延迟决策，就必然丧失机会。犹太人深知这一点，他们对自己手中的文件极其重视，总是争取在最短的时间内批阅。为此，他们在上班时间里，专门辟出了上班后大约一小时的时间来处理文件，这段时间叫作dicate时间，也即专事文件处理的时间，用于处理昨日下班和今天上班这段时间内接收到的商业函件。这段时间绝不容外人打扰，否则会分散精力，影响文件处理的质量和效率。在这段时间若有人来访，不管为何而来，均拒绝晤见，他们会礼貌地说：对不起，现在是专门处理文件的时间，请你待会儿再来！犹太人把时间看得这么重，是有其道理的。

3. 珍惜生命，把每一天都当作最后一天

“弥赛亚莅临时，病人都将获得治愈，但是愚蠢的人仍将持续他们的愚蠢。”这是《犹太法典》中的告诫。

《犹太法典》中的这句话意味着，当弥赛亚——救世主——出现时，除了愚昧的人以外，其他所有的人都能获得拯救，获得治愈，因为，在他们心中救世主是万能的。

“弥赛亚”这个字源自希伯来语，意为“淋过圣油的人”，其希伯来语的发音是“哈玛西亚”，传到希腊之后，发音变成“美西亚斯”，意为“克里斯多斯”，这就是基督之名的由来。因此，淋过圣油的人，就有救世主的意味。在圣经中，许多国王和神父都拥有“弥赛亚”的头衔，这些代表者经过淋圣油的仪式之后，就必定能胜任他自己的职务了。久而久之，只要是神赋予特别任务的人，就可称为“弥赛亚”；因此，在犹太人中，许多预言家也能享用这个头衔。

在大多数犹太人的心目中，所谓“弥赛亚”是指解救犹太人脱离一切痛苦的人。犹太人经历过痛苦的生活，所以长久以来，他们一直在盼望着解放者的到来，他们衷心地希望这个解放者能重建犹太王国，所以“弥赛亚”这三个字的涵义演变到了后来，完全代表救世主的意思。这一位救世主，在神尚未建立它在地上的王国之前，先代替神来拯救人类。

圣经中，如扫罗、大卫王、所罗门王，乃至波斯的希拉斯王，都被称做“弥赛亚”，可见“弥赛亚”的意义是随着时代而变的。不过，在犹太人的社会中，信仰救世主的观念仍然很深。

长久以来，凡是遇到流行病、饥饿、迫害或是洪水等可怕的灾难时，犹太人总是打开圣经来看，苦苦地发掘，希望发现其中是否隐藏着某种特殊的语句，在书中找到某些线索，以便了解何时有弥赛亚的降临，来解救这些灾难。

在犹太人中，曾经有几位虔诚的神权主义者、天文学家，预言过弥赛亚出现的正确时日，他们说，到了那一天，弥赛亚一定会出现，并且把人类带到神的王国里去。

尽管这一天一直没有出现，但是，弥赛亚的信仰却给犹太人带来极大的安慰和精神力量。

这一坚定不移的信仰一代代在犹太人的血液里骨子里沿袭，以致从犹太教中衍生的基督教也继承了犹太人的这种信仰，他们极相信有一天这块土地上将会出现一个绝对理想的世界。

犹太人相信有一天将会有“地上天国”的出现，这是他们从不动摇的信念。另外，圣经《创世纪》中神又会对人下命令说：“造出更好的世界。”于是长久以来，这两件事情便在无形中成为犹太人的精神支柱。

尽管到今天仍然相信“地上天国”的犹太人很少了，但是，犹太人仍依着宗教传统而过日子，坚信救世主总会有一天会出现。

救世主会在哪一天出现？是明天？还是后天？无论是哪一天，所有的犹太人都知道，应该时时刻刻充实自己，努力往上爬，以便救世主出现时，不致无颜以对。

拉比们告诉犹太人说：救世主是在世界末日来临时才会到来的。但是，谁也不知道哪一天才是世界的末日，所以，拉比们又告诫说：你就应该将每一天都当作最后的一天，来过你的生活。

基于此，所有的犹太教徒认为人类的生活中最重要的是第一天和最后一天。同时他们又认为对人类而言，每天都应该是第一天，因为每个人都能在新的一天中有所创造、突破和发明。

为了等待弥赛亚的出现，《犹太法典》中告诫犹太人说：“今天便是第一天，同时也是最后一天，因此，必须为现在付出全部的生命。”

犹太人就是这样，把理想与现实巧妙地结合起来，追寻着理想的快乐世界，又不放弃现在的努力。

这至今都成为犹太人杰出的生存技巧之一。

4. 切勿盗窃别人的时间

我们总把“时间就是金钱，时间就是生命”挂在嘴边，好像已经把时间看得很重了，但实际上，在学习、工作和生活当中却总把时间当成用之不竭的资源，并不怎么在意它。在犹太人看来，时间就像商品一样，是赚钱的资本，因此盗窃了时间，也就是盗用了资本，偷盗了金钱。换一个角度说，盗窃时间不仅仅是关系到赚钱的问题，也关系到经商礼貌和商业礼仪方面的问题。所谓“切勿盗用时间”即是犹太人告诫人们不要去妨碍他人的一分一秒。

犹太人最讨厌的就是不速之客，不速之客就等于盗窃时间和金钱的“盗窃犯”。

有位月收入20万美元的犹太大亨曾算过一笔账：他每天工资近8000美元，那么每分钟为17美元。假如他被别人打扰，占用了5分钟的时间，就等于被窃现款85美元。在这一点上中国人正好相反，“今天没事，路过此地顺便来看看您”。主人不仅不觉得来访者唐突，而且把此种来访看作有礼貌的表现，即使百忙之中也要抽时间热情会客。

日本某著名百货公司宣传部的一位年轻职员，到美国纽约搞市场调查。他想到自己应该有效利用时间，就直接跑到纽约某犹太人开的百货店，贸然叩开了该公司宣传部文秘办公室的大门。

秘书小姐问："请问先生您事先约好了吗？"

这位日本人一愣，但马上滔滔不绝地说："我是日本百货公司的职员，专门来纽约考察，特意抽空来拜访贵公司的宣传部主任……"

"对不起，先生！"小姐打断了他的话。

这位热心的日本人被冷冰冰地拒之门外。

其实，我们或许认为，从某种意义上，受访者或许能够获得某些好处，但犹太人不假思索地就拒绝了他，这是为什么呢？

这仍然和前面说的"切勿盗用时间"的警句有关。对于视时间如金钱、如生命的犹太人来说，在工作时间，放弃几分钟而去跟一个根本没有安排的"不速之客"谈判，这是行不通的。犹太人从不做无把握的生意，因此，"不速之客"就是妨碍他们工作的绊脚石，只有拒绝他们，才不致影响自己的工作效率。

在犹太人那里，预约不仅意味着时间，还意味着时间的确定：

客人是在上午10点到10点30分前来洽谈某事，就意味着到10点30分时，不管业务是否谈完，客人都必须自动离开。所以，犹太人的寒暄只有几句，一般的客套话对他们来说毫无意义，除非他们觉得和你客套有利可图。

5. 管理好时间，就管好了你的生命

一个商人要赚大钱，首先要考虑好如何合理地利用时间。有的人觉得时间太少不够用，有的人却将时间安排得有条不紊。其实时间对人是平等的，就看你如何去把握它，利用它。鲁迅先生说过，时间就像海绵里的水一样，只要去挤它，就总会有。作为商人，就一定要挤出足够的时间集中精力来工作，会赚钱的商人是很能精打细算安排时间的。然而，面对每天

繁忙的生活，纷繁的事务，我们究竟该如何安排时间呢？换句话说，我们该如何管理时间呢？

我们每天都面临着许多事情，它们或多或少都要占用我们一些时间。但总的来说，我们的时间可分为可支配时间和不可支配时间。对于前者，我们可以根据具体的情况来安排和调整，但对于后者，我们却无能为力，比如一些你不得不应付的事情，由不得你来决定和安排，这种时间是不可管理的，你能做的只能是应对。对于可支配时间，就可以根据情况来调整分配，充分利用。对于商人或管理者而言，善于识别和安排可支配时间是非常重要的。

我们该如何来判断自己利用时间的有效程度呢？

答案是：选择一段时间（比如两个星期或一个月）用工作簿或记事本记录下每天的各种活动，过一段时间后，就可以得到一个详细的时间利用和活动记录，然后，对这些活动进行排序，按重要性和紧急性来排序，看你是否把时间较多地分配到相对重要的事情上以及是否优先处理了紧急的事情。这样，你就可以大致了解你对时间的管理能力和利用水平。同样，有效时间管理的步骤是：

（1）列出目标，以明确要做的每一件事。

（2）按照重要性来排序。

（3）列出实现每一目标要进行的活动。

（4）估算进行这些活动会花掉多少时间。

（5）对实现某个目标所需做的活动进行紧急性和先后性排序。

（6）按照列出的优先顺序和重要性顺序来设定目标。

（7）实施活动，完成目标。

做好以上几步，就可以比较有效地利用好时间。当然，还有几点需要注意：

（1）遵循10／90法则。大多数管理者90%的决定是在他们10%的时间内做出的。管理者很容易就陷进日常事务中，那些有效利用时间的人总是确保最关键的10%的活动具有最高的优先权。

（2）记住帕金森法则。帕金森法则指出，工作会自动地膨胀而占满所有的工作时间。时间管理意味着你可以为一项任务安排过多的时间，如果时间显得充裕或过多，你就会放慢你的节奏从而耗掉你所有的时间。

（3）了解你自己的生产率周期。每个人都有生产率周期，有的人晚上工作效率高，有的人则是上午或下午。了解自己的生产率周期，就可以在生产率周期中效率最高的时间里处理最重要的事情，而把不重要或是例行的事情安排在效率低的时间里去做。

（4）把不太重要的事集中起来处理。每天留出一些固定的时间来处理未完成的事情，以及其他零碎的事情，这段时间最好安排在效率周期的低谷期，这样做可以避免重复、浪费和冗长，这可以使你在处理重要事情时免受琐事打扰。

（5）避免将整块时间拆散。只要可能，就应留一天中工作效率最高的时间作为整块的可支配时间，尽量将自己与外界隔离，在这段时间内应当限制别人，免受别人的打扰。一般而言，早上刚上班的时间效率比较高，故犹太人选择这段时间作为dietate时间是非常有道理的，而另外你可留出一段时间，撇开你的办公室接待那些没有事先预约的采访者或打电话、接电话等。作为一个管理者，处在较高的位置上，就可以这样来支配自己的时间，而且也应该这样。

6. 张开手，做时间的主人

既然时间如此宝贵，而且也是一笔赚钱的资源，那么如何来配置这份资源而使其效用最大化呢？对于不同的人，时间的效用是不一样的，一个喜欢读书的人，当然希望把时间花在读书上，而一个商人则更多地想着如何利用好时间多赚些钱。但无论如何，时间就像一块蛋糕，总要被分成好几块，一块用来工作，一块用来休息，一块用来学习等。总之，时间面临着一个如何分配的问题。中国有句俗话叫“好钢要用在刀刃上”，而对犹太人而言，浪费了时间，就等于浪费了金钱，他们对自己的时间，可谓精打细算！晤谈要预约日期和具体时间，甚至从某时某刻到某时某刻都规定得清清楚楚，晤谈时从不允许迟到或超延时间；处理函件时一律谢绝会客；甚至到了年老时，他们会细细估算还能活多久，以便知道自己还能赚多长时间的钱，还可享受多久。

对时间的极端重视，令犹太人在处理时间的问题上非常较真，号称“东京银座犹太人”的藤田先生就讲过这样一个故事：

日本的汉堡包大王藤田，刚开张时就生意兴隆，接连开了四个分店，紧接着正筹备第五个分店。

一天，有个犹太人来拜访他。

“藤田先生，眼下你有空吧？”犹太人满不在乎地问。

“开什么玩笑，我正忙得要死！”藤田先生生气地回答。

“不，藤田先生，我看你的的确确有空。”

“没有，根本没有！”

“怎么没有空，没有空能开四家分店？且还准备开第五家？这就说明你有空。”

这句话说得藤田先生哑口无言。犹太人的话的确很有道理，在犹太人看来，没有空闲不会合理安排时间的人，是不会赚钱的人。要赚钱，首先得有赚钱的时间，而且在赚钱中要合理使用时间，否则就等于白白浪费时间。人的一生是短暂而又漫长的，许多人成天忙忙碌碌却无所作为。许多人整日沉湎于酒桌牌桌之间，日子被无端地浪费，这些人都不会合理安排时间，注定成不了大器！

一个会赚钱的商人，既是“大忙人”又是“大闲人”。之所以是“大忙人”，是因为他一直在辛苦的工作，为赚钱而忙碌。“忙”与“闲”是相对的，按照犹太生意经，我们该忙的时候就要忙，工作时懒散成性，没有效率，是最大的“蠢人”；而且我们要学会“忙里偷闲”，生活是丰富多彩的，会生活的人才是真正的人。

也正是因为犹太人视时间如金钱，所以他们在做生意时会客观而若无其事地谈论自己和别人的寿命。

“先生今年70岁了吧，还可能再活5到10年左右！”

在中国，若初次见面就谈这种“不吉利”的话，一定会遭到对方的白眼。而犹太人却很坦然，他们认为人生下来以后注定要死，不必对死畏之如虎。知道自己还能活多久，就意味着知道自己还能赚多少钱，中国人活到老学到老，犹太人活到老赚到老。中国人认为，人是赤条条地来，也赤条条地去，金钱生不带来，死不带去，因而在垂暮之年往往希望清闲安静，享受天伦之乐。犹太人知道钱生不带来，但他死时要带走，他们对死的态度是客观和冷静的，一旦知道还能活几年，就会抓紧这几年享受和赚钱。

正是因为犹太人自知天命，他们便拼命抓紧时间赚钱。由于犹太小孩子从小就接受“自主”教育，所以犹太老人也不可能依靠子女赡养，只有自己赚到了钱，安逸生活才会有保障。

7. 时间价值表现在生意的全过程

对于犹太商人来说，时间是任何一宗交易必不可少的条件，是达到经营目的的前提。与对方签订合同时，要充分估计自己的交货能力，是否能按客方要求的质量、数量和交货期去履行合约，如可以办到，就与其签约，如办不到，切不可妄为。

时间的价值还显示在赶季节和抢在竞争对手前、获取好价格和占领市场方面。在竞争激烈的市场中，谁能在一个市场上一马当先，以质优款新的产品问世，谁就必能获得较好的经济效益。如电子手表，刚上市时每块售价几十美元乃至上百美元，曾几何时，当许多竞争者推出同类产品时，其价值一落千丈，每块售价只有几美元。又如人们日常的必需品蔬菜，在反季节时售价高于盛产季节数倍。为什么会出现如此大的反差呢？这显然是“时间”的价值。

时间的价值还表现在生意的全过程。一个企业经营效益的高低，与其费用水平的高低息息相关。根据众多的企业核算，其经营费用中有70%左右是花费在占用资金的利息上。如一个企业一年的营业额为10亿元，其资金周转率为两次，言下之意，该企业每年占用资金为5亿元。假设银行利息为12%（年息），一年共支付利息达6000万元。如果该企业能把握一切时间和进行有效管理，使资金周转达到一年4次，那么，其支付的利息就可节省3000万元，换句话说，该企业就可多赢利3000万元了。

如此珍惜时间，这只是犹太人对待时间的一般态度，好像并无特别之处，只是相对于中国或东方的商人有过之而无不及。不过，犹太人对待时间不同寻常的地方在于当时间直接与金钱挂钩或者时间直接造就财富的时候。

犹太富商巴纳特就是一个对时间领悟独到，堪称利用时间差“空手套白狼”的高手。

巴纳特的赢利呈周期性变化，每星期六是他获利最多的日子，因为这一天银行较早停止营业，巴纳特可以尽兴地用支票购买钻石，然后在星期一银行重新开门之前将钻石售出，以所得款项去付货款。

巴纳特借银行停止营业的一天多时间，“暂缓付款”且又不会让自己的空头支票给打回来，只要他有能力在每一个星期一早上给自己的账号上存入足够兑付他星期六所开出的所有支票的现金，那他就永远没有开“空头支票”。所以，巴纳特的这种拖延付款，纯粹利用了市场运行的时间表，在没有侵犯任何人的合法权利的前提下，调动了远比他实际拥有多得多的资金。

巴纳特对时间的精打细算如此别出心裁，甚至让其他犹太人也感惊奇。不过，同现代金融市场上那些翻云覆雨的犹太金融高手相比，也只是“小巫见大巫”，比如索罗斯、比得·林奇、巴菲特等，这里就不再赘述。

8. 把握信息，抢占先机

对时间的独特领悟，加上运用时间来赚取钱财的商业实践，促成了犹太商人对信息的高度重视和极度敏锐。我们现在大谈信息社会的生存法则就是丛林法则，“弱肉强食，适者生存”，很大程度上取决于对信息的传递和掌握。这一点体现在国际间的政治斗争、军事冲突中，更体现在瞬息万变的经济生活当中。犹太人基于历史的原因，深深懂得信息的重要性。有时，一个信息是可决定生死的。为此，犹太人对信息保持高度的敏感和重视。他们的信息网遍布全球，所以犹太人以消息灵通著称于世。

在这方面，罗斯柴尔德家族提供了一个最好的实例。

罗斯柴尔德家族遍布西欧各国，这种分布既使得这个家族易于获得信息，也使各住处的家族成员具有了特别重要的价值：在一处已经过时了的信息，在另一处可能仍具有价值。为此，罗斯柴尔德家族特别地组织了一个专为其家族服务的信息快速传递网，在交通和通讯尚未像今日这般快捷的时代，这个快件传递网还着实发挥过一阵子作用。

19世纪初，拿破仑和欧洲联军正苦苦鏖战，战局变化不定、扑朔迷离，谁胜谁负，一时很难判断。后来，联军统帅惠灵顿将军在比利时发起了新的攻势，一开始打得十分糟糕，为此，欧洲证券市场上的英国股票疲软得很。

这时，伦敦的纳坦·罗斯柴尔德为了了解战局的走向，专程渡过英吉利海峡，来到法国打探战况。当战事终于发生逆转，法军已成败势之时，纳坦获悉确切消息后，立即动身，赶在政府急件传递员之前几个小时回到伦敦。罗斯柴尔德家族靠信息之便而占了先手，他们动用了大笔资金，乘英国股票尚未上涨之际，大批吃进。短短几小时后，随着政府信息的公布，股价直线上升，转眼之间，罗斯柴尔德家族发了一笔大财。

如果说，上述事例中罗斯柴尔德家族是靠先于别人获得信息，而抓住机遇的话，那么近两个世纪后，另一个犹太商人则完全依靠对别人“不起作用”的信息而出奇制胜。

美国著名的犹太实业家，同时又被誉为政治家和哲人的伯纳德·巴鲁克（1870—1965）于30岁之前已经因经营实业而成为百万富翁。

但创业伊始，巴鲁克也颇为不易。但就是靠他作为犹太人所具有的那种对信息的敏感，使他一夜之间发了大财。

巴鲁克28岁那年的一个晚上，广播里传来消息，称西班牙舰队在圣地亚哥被美国海军消灭。这意味着美西战争即将结束。

这天正好是星期天，第二天是星期一，按照惯例，美国的证券交易所在星期一都是关门的，但伦敦的交易所则照常营业。巴鲁克立刻意识到，如果他能在黎明前赶到自己的办公室，那么就能发一笔大财。

当时是1898年，小汽车尚未问世，而火车在夜间又停止运行。在这种旁人束手无策的情况下，巴鲁克却急中生智，想出了一个绝妙的主意：他赶到火车站，租了一列专车。星光下，火车风驰电掣般而去，巴鲁克终于在黎明前赶到了自己的办公室，在其他投资者尚未“醒”来之前，做成了几笔大交易，他成功了。

巴鲁克同纳坦·罗斯柴尔德不一样，他利用的并不是“独家消息”，而是公开的新闻。他善于从公开的新闻中找出对自己有用的信息，据此作出决策，并采取相应的行动。

正因为犹太商人重视信息的收集和利用，反过来，他们必然会小心翼翼地保护自己的信息不被对手获取。

9. 注重契约就是尊重时间

犹太人是“契约之民”。犹太人在经商中最注重“契约”，重守时间的承诺。在全世界商界中，犹太商人的重信守约是有口皆碑的。犹太人一经签订契约，不论发生任何问题，绝不毁约，绝对尊重时间。

犹太人认为“契约”是上帝的约定，他们说：“我们人与人之间的契约，也和神所定的契约相同，绝不可以毁约。”既然“契约”是和上帝的约定，那么每一次立约就意味着指天发誓，绝不反悔。若毁约，就是亵渎了上帝的神圣。

犹太人由于普遍重信守约，相互之间做生意时经常连合同也不需要，口头的允诺也有足够的约束力，因为“神听得见”。

犹太人信守合约几乎可以达到令人吃惊的地步。在做生意时，犹太人从来都是丝毫不让，分厘必赚，但若是在契约面前，他们纵使吃大亏也会绝对遵守。这对他们而言，是非常自然、毫不怀疑的事。犹太人在商场上就要“一言既出，驷马难追”，容不得反悔，哪怕自己吃亏。

有一个犹太商人和雇工订了契约，规定他们为商人工作，每周发一次工资，但工资不是现金，而是他们从附近的一家商店里领取与工资等价的物品，然后由商店老板和犹太商人结账。

过了一周，雇工们气呼呼地跑到商人跟前说：“商店老板说，不给现款就不能拿东西，所以，还是请你付给我们现款吧。”

过了一会，商店老板又跑来结账了，说：“你的雇工们已经取走了这些东西，请付钱吧。”

犹太商人一听，给弄糊涂了，经过调查，确认是雇工们从中做了手脚。但是犹太商人还是付了商店老板的钱。因为唯有他同时向双方作了许诺，而商店老板和雇工们并没有雇佣关系。既然有了约定，就要遵守。虽然吃了亏，也只能怪自己当时疏忽轻信了雇工们。

犹太人从来都不毁约，但他们却常常在不改变契约的前提下，巧妙地变通契约，为自己所用。因为在犹太人看来，在商场上的关键问题不在于道德不道德，而在于合法不合法。

第六章

不盲从权威，也不会成为权威

1. 不盲从权威，追求个人的独立

犹太人总是尽力地在控制权威，这是他们的一种特殊生存传统。

在古代，中国、埃及、希腊和罗马等国家，都是非常注重强而有力的王权。但犹太人却认为，国王并非是高高在上的强权者，而是负有保护其统治下的“人民权利”使命的人。在犹太人的观念中，王权始终是有所限制的，所以犹太人并不喜欢、也不愿意把他们的领袖视为偶像，连犹太人最伟大的领导者之一——摩西也不例外。

摩西是犹太人历史上一位伟大的领导者。在犹太人心中，摩西有崇高的地位，但是犹太人却不视他为偶像。

《犹太法典》中有许多鼓励人们反抗的话语，其基本观念在于：人必须脱离常轨，才能促进进步。换句话说，人不可以盲从权威。以天文学为例，伽利略、喀布拉等人都曾向他们那个时代的天文学权威挑战，爱因斯坦也就是因为敢于脱离常轨，才推动着人类历史一步一步地前进。

有一个这样的故事说明犹太人是不迷信和盲从权威的。

一次，拉比以利扎·本·西蒙从老师家里出来，悠闲地骑着毛驴，感到很快活，因为他刚刚学习了不少《律法书》，心中充满了骄傲。突然，一个非常丑的人对他打招呼：“祝你平安，先生。”

他不对人家打招呼，而是说：“你可真丑陋啊！你周围的人都和你一样难看吗？”

那人回答说：“我不知道。但是你可以去跟我的造物主说：‘你造出来的东西多么丑陋啊！’”

拉比以利扎意识到自己犯了错，他对这个人鞠躬，说：“我在您面前低头，请原谅。”

但是，那个愤怒的人说：“我不会原谅你，除非你去我的造物主那里说‘你造出来的东西多么丑陋啊！’”

拉比以利扎跟在那人身后来到自己的镇子上。当镇上的人看到他们的拉比，都来致意，说：“祝你平安，师尊。”

“你们这是在跟谁致意？”那个人问道。

“跟在你身后的那个人。”人们回答说。

“如果那人是一个老师，”他大声说，“以色列再没有和他一样的人！”

人们很奇怪都问他为什么这样说，他讲了刚刚发生的事情。

“可是你应该原谅他啊，”他们催促着，“因为他是一个很博学的律法师。”

“为了你们，我会原谅他。”那人最后说，“但是他以后再也不许做这样的事了。”

这个非常丑的人之所以不愿原谅拉比以利扎，是因为他并不盲从权威，当他认为拉比犯错时，敢于坚持自己的正义。

在犹太人的语言中，“希伯来”的原意是“站在对岸”，亦即站在隔一条河的地方，或是与别人不同的地方。每一个人都要去找这么一个地方站着，才能立足于社会。犹太人就是这样独立地站立着，才不至于盲从。

虽然犹太人不盲从权威，但是，在日常生活中，犹太人认为，并不需要随时向权威挑战，只需适当模仿别人的做法，服从社会主流，就能过得很安乐。但是，一定不要一味地追随，以至于固步自封。如果一旦陷入盲从的境地，就不能算一个自由人了。

因此，犹太人不盲从权威，非常强调自己首先独立。

犹太人认为，每个人都要珍视自己，并且真正地尊重自己。一个人非常地珍视自己时，便能产生个性，然后才能透过个性，发挥专长以贡献社会。因此，对犹太人来说：培育个性是每个人的义务。个人的独立是个人的生存之道，整个民族的独立是这个民族的生命不息之泉。这就是犹太人对于权威不盲从的智慧之处。

2. 除了神，没有绝对的权威

在一个重要的庆典中，犹太人自始至终只呼过一次摩西的名字，这究竟是为什么呢？因为犹太人有一个传统，他们一向不愿意把一个人哄抬得太高，使他居于太崇高的地位，而自以为是。所以，虽然摩西有大恩于犹太人，但仍然不能例外。

换言之，假如将一个人予以“神格化”，这便违反了犹太人的传统。犹太人对优越的领导者也表示敬意，但是，他们并不会使一个人成为偶像，因为唯有神才是他们最崇敬的，领袖也只是众人的一分子。

在犹太人的心目中任何卓越的领袖，都绝不可能单独存在，必须由围绕他的人共同烘托，才能显出他的伟大。领导者犹如一面镜子，因为他能反映出众生相来。根据《犹太法典》的记载，摩西就是那一个时代里的犹太人汇集时所迸发的火花。

摩西是出现在犹太人的历史中的最伟大的领导者之一。圣经上说，摩西从埃及人的魔掌中救出以色列子民，使之到达巴勒斯坦以前，他总是坐在岩石上面；虽然他是一位领导者，但是并没有人替他搬一张舒适的座椅，他也没有坐在轿子上，让人们抬着他走。在犹太人的传统中，领袖和人民总是平等的。

领袖是族人的一分子，所以绝对不可能有一个领袖是超人或是神。

所以，犹太人没有铸造摩西的铜像，也没有把他的形象画下来，以供瞻仰，因为犹太教是禁止崇拜偶像的。

没有一个人能够像神，只有神才有绝对的权威。因此在世界上，再也没有另外一个民族，能如同犹太人一样，这么相信在神前的平等——领袖和众人一样。

为此，犹太人特别嫌恶虚饰，蔑视谄媚权威的人。

以色列建国至今，无论总统、总理或是其他官员，当他们处在犹太人之中时，就绝不打领带；只有在接见外宾时，他们才会穿上正式的服装，并且打上领带。所以，凡是造访以色列的旅客们，看到官员都很平易近人地与人打交道，甚至连服装都不拘形式时，一定会大吃一惊，不敢相信这个事实。

其实，这就是犹太人的领袖观。

也正是这一观念，在犹太人中，领袖能够把自己当作众人中的“一分子”，不敢居于权力之上，而为自己的人民勤勤恳恳、兢兢业业。

但是，在犹太人心中，领袖与人民的关系又是密不可分的，卓越的领袖所带领的民族定非顽劣之徒。因此，当下层阶级的人们，在埋怨他们自己的领导者之前，先会反躬自省一番，因为有什么样的人民，就会有什么样的领袖。

基于此，犹太人是世界上把领袖与众人关系处理得最恰当最和谐的民族之一。正是把握好了领袖和众人的关系，犹太人才在近2000年被迫害的历史中，靠着领袖牵引着人民、人民拥戴着自己的领袖，顽强地生存下来。

3. 不盲从权威，但不反对领导有助手

在犹太教的传说中，记录了阿玛雷克战役的大致情形：

“尤西亚遵照摩西的指示，与阿玛雷克作战，摩西和亚伦、赫鲁则登

上山顶，当摩西举起手时，就表示以色列战胜；如果他放下手，就表示阿玛雷克战胜。所以摩西的手一直高举着，长时间下来，双手已经僵硬且几乎无法伸直，这时亚伦与赫鲁就搬运石头，放在摩西的脚边，摩西则坐在石头上，然后他们分站在摩西的两侧，摇动着摩西的手。直到日落时分，摩西的手仍旧没有放下来，因为这个缘故，尤西亚打败了阿玛雷克。”

摩西是神耶和华全力支持的一个人，他具有卓越的才能，他的实力也是无可置疑的；尽管如此，摩西还是带了亚伦和赫鲁两人上山，为了不使以色列人失败，让他们二人辅助他挥动手腕。

摩西若放下手，就表示领导能力产生动摇，因为一放下手，以色列军队就会居于劣势；一旦领导能力发生动摇，就会降低士兵们的士气。但是，尽管摩西有如钢铁般的体格，但他毕竟是人，终究也有疲惫、产生疾病的时候。因此，为避免任务失败，他带着亚伦、赫鲁上山辅助他的工作。

犹太律法中对于“服从权威”有着严格的指示，但是并不反对领导应配备助手。

因为即使是摩西也不得不承认，自己需要助手的辅助，单靠一个人是不能胜任领导责任的。

在摩西身边有好几个辅佐他的重要人物，并且，他们分工明确，各有自己的主要任务。

玛丽亚（摩西之姐）——担任女性的指导者。

尤西亚（摩西的秘书）——担任秘书兼收集资讯情报者。

艾帝罗（摩西之岳父）——担任顾问。

在领导决策中，犹太人是最早意识到领导人的重要性，并且是最早实行领导配备助手的民族，这是他们较其他民族在管理学上最大的成就，也是其杰出智慧的体现。

三个臭皮匠顶上一个诸葛亮。因为领导人也有体力、智慧的局限，而配备助手不仅能弥补领导者的不足，而且能集众人之所长，形成领导合力。所以，犹太人的领袖力量是非常巨大的。

4. 法律也不是权威，一样可以利用

1968年前后，由于日本经济高速发展和国际贸易的顺差，日元在西方金融市场上日益坚挺而美元日显疲软。作为日美两国经济状况指示器的美元与日元的比值出现重大变化的时机越来越近了。其重要迹象之一，就是日本的外汇储备亦即美元储备越来越多。

1970年8月，日本的外汇储备才35亿美元。这是日本全体国民战后25年辛勤工作的积余。可是，从10月份开始，外汇储备便成亿成亿地向上攀升。先是每月2亿，继之12月份出现4亿美元的盈余，1971年3月出现6亿盈余，5月结余12亿，8月甚至结余46亿，1个月积累的外汇就超过了战后25年的积累！

就这样，在1年不到的时间里，日本的外汇储备由35亿猛增到129亿，最后达到150亿美元。

对此，日本政界、新闻界，还有商界中的大多数人，都陶醉于良好的自我感觉之中。“这是日本人勤劳的象征，因为日本人勤奋工作，才积攒下这么多的外汇。”

然而，犹太人却在暗暗发笑，边笑边调集一切头寸，向日本大量抛售美元。因为他们知道，日元的升值是迟早的事情，只要日本的外汇储备超出100亿美元，这个时机便会来临。这个美元兑日元汇率的大幅度变化，也许是本世纪中最后一个发大财的机会。所以，犹太人甚至向银行贷款来向日本抛售美元。

对于犹太人的动作，反应迟钝的日本政府一直弄不明白是怎么回事，

国会只知道辩论这些流入日本的外汇会不会对日本经济造成破坏。一些议员振振有词地说道："外国人搞投资，绝对赚不了钱，即使赚了钱，也要纳税。"

不过，日本政治家的这个算盘也没有完全打错，因为日本有严格的外汇管理制度，靠在外汇市场上搞买空卖空式的投机是不可能的，但他们没有想到，从他们眼里看过去周详严密的外汇管理制度，从犹太人那边看过来，却有一个大漏洞，这就是当时的外汇预付制度。

外汇预付制度是日本政府在战后特别需要外汇时期颁布的。根据此项条例，对于已签订出口合同的厂商，政府提前付给外汇，以资鼓励。同时，该条例中还有一条规定，即允许解除合同。

犹太人就是利用外汇预付和解除合同这一手段，堂而皇之地将美元卖进了实行封锁的日本外汇市场。他们采用的办法是：犹太人先与日本出口商签订合同，充分利用外汇预付款的方式，将美元卖给日本企业。这时，犹太人还谈不上赚钱。然后犹太人耐心等待，等到日元升值后再以解除合同的方式，将美元买回来。一卖一买，利用日元升值造成的差价，便可以稳赚大钱。

果然，日本政府直到外汇储备达到129亿美元时，才如梦方醒，意识到有中了这种诡计的可能。

最后，到外汇储备达到150亿美元时，日本政府不得不宣布日元升值，由360日元兑换1美元，提高到308日元兑换1美元。

这意味着，犹太人向日本每卖出买进1美元，就可以白白赚取52日元。赢利率超过10%。难怪事先就有犹太人声称，即使以10%的利率向银行贷款也有利可图！

事后据粗略统计，日本政府的损失高达4500亿日元，平均每个国民要承担差不多5000日元。其总值相当于日本烟草专卖公司一年的销售额。

到底犹太人赚了多少，是很难统计的。但确如日本商人说的，只有犹太人才有能力调动如此规模的现金。而且据说还有犹太人为发了这样一笔意想不到——日本政府有这么愚蠢，愚蠢到不要说及早关闭外汇市场，就是连按原比值退还预付款的办法也不敢用而心肌梗死。

如此善于利用法律漏洞的也许只有犹太人了，正是他们这种不相信法律就是权威的精神，才能钻法律的空子，为自己获取成功。

按理说，外汇预付制度本来是为了促进日本商人开展外贸的。接了国外订单，尽早拿到外汇就可以及时进口所需的原料配件等，确保按期交货；企业拿到预付款还可以减少资金占用，何乐而不为？

而且，顺着看过去，允许解除合同，本是交易场上的常规，本身不是什么十分显眼的漏洞，除了在日元大幅升值这种场合下。

但犹太人看中的，就是在大变动下原先不成其为漏洞的规定，现在成了大漏洞。

日本政府是为了做成生意而允许预付款和解除合同，到了犹太人那里，则成了为预付款和解除合同而做生意。犹太人在签订合同和预付款时，已经打定主意不要货物要美元，只不过为了要回更多的美元借做生意来卖出买进一回。

这一场日本人蚀本的交易，也许可以看做犹太人不相信权威，就是法律也不是权威的民族精神。

5. 打倒法律权威最好的办法就是诉诸更高的法律

有的时候人们在许诺时根本无法预见可能出现的结果，而这种结果竟然又出现了，守约成了一个不可能解决的难题时，又该怎么办呢？活人难道让尿给憋死吗？犹太人有一个办法。

从前有个犹太国王，他只有一个女儿，十分疼爱。

一次，公主得了重病，百般医治无效，已经奄奄一息，束手无策的医生告诉国王，除非马上得到神药，否则，公主就没有希望了。

国王焦急万分，赶紧在京城贴出布告，宣布：

“任何人只要能够治愈公主的疾病，就将公主嫁给他，并立他为王位继承者。”

在很远的地方有兄弟三人，其中老大有一只像现代望远镜那样的千里眼，正巧被他看到了国王的布告。他便同两个弟弟一起商量，如何治愈公主的疾病。

两个弟弟也各有自己的宝贝。老二有一块会飞的魔毯，可以做交通工具；老三有一只魔力苹果，不管什么病，吃了这个苹果马上就会痊愈。

三兄弟商量停当后，就一起乘着魔毯，带着苹果，飞到了王宫。

公主吃了苹果之后，果然一下子恢复了健康。国王大喜过望。立即命人准备宴会，向全国宣布新确定的驸马。

可是，国王只有一个女儿，而治愈公主的却是兄弟三人。究竟让公主嫁给谁呢?

老大说：“如果不是我用千里眼看到布告，我们也不会想到上这儿来给公主治病。”

老二说：“如果没有魔毯，这么远的地方，谁想来也来不了。”

老三则说：“如果没有魔力苹果，即使来了，也治不好病。”

聪明的读者，要是让你做国王，你认为三兄弟中哪一个做驸马比较合理?

国王宣布：“拿苹果的老三。”

因为国王认为，有千里眼的老大，仍然拥有千里眼；有魔毯的老二，仍然拥有魔毯；而原先拥有苹果的老三，因为已把苹果给公主吃了，便什么也没有了。根据《塔木德》上的说法：“当一个人要为人服务时，最可贵的还是能够把一切奉献出来的人。”

国王的布告实质上就是一项许诺，在犹太人看来，这是具有“法律”

意义的，是必须兑现的。在这份布告中，本来说好，谁治好公主的病，公主就嫁给谁。现在，三兄弟中每个人都为此出了力，而且确如他们说的，都出了一份不可或缺的力。所以，他们每个人至少都有一份权利，可以要求成为驸马。

但是，公主只有一个，既不可能一分为三，这从生理上不许可；也不可能“一女侍三夫”，这违反了犹太人的律法。要是单独嫁给其中一个，又意味着对其他两人的失信，也就是“违约”，这同样是犹太律法不赞成的。

因此，国王无论怎么做，都面临着违反律法的现实可能。为了避免这一不可避免的结局，便另找了一条标准，就是不看谁对治愈公主疾病的贡献大，而看谁的“奉献”大。

贡献与奉献虽然只有一字之差，但相去甚远。贡献是相对行为结果与受惠者而言的，也就是国王从其自身“得利”角度作出的评价。而奉献是相对行为过程和施惠者而言的，也就是国王从对方的“受损”角度作出的评价。所以，从“贡献”到“奉献”，实质上是切换了评价标准，从而也就改变了国王许诺的条件之内容。在犹太价值体系中，同样作为评价标准，“奉献”的地位高于“贡献”，将“奉献”置于较“贡献”优先的地位，当然是合理合法的。既然如此，改变许诺的兑现条件，也是“有法可依，有理有据”了。这就是诉诸更高的法律的好处。

第七章
善待别人，快乐自己

1. 与其超越别人，不如超越自己

懒惰是每一个人的大敌，也是人的天性。

犹太人很早就意识到这个问题，并在处世的过程中时刻提醒自己："与其超越别人，不如超越自己。"

超越自己，才能不断地鞭策自己前进，而不因为一时的懈怠或者暂时的成功而失去继续努力向前的动力。

知识如同银器，要经常擦拭，如果一天懒得动手，银器就会蒙上灰尘，失去亮光。犹太人认为，超越自己的事情一天都不能放松，尽量地学些不同的事物，将它们组合起来，才会有新的智慧和洞察力产生，这些不同的事物相互影响之后，往往会有许多新的创见。每个人都有与生俱来的创造力，只是有些人通过坚持不懈的学习，把它发挥了出来。更多的人则因为懈怠让这种才能荒废掉了。

犹太人坚信这一点，于是在自己的法典中写下了："超越别人的人，不能算是真正的超越；超越从前的自我，才是真正超越的人。"

在犹太人眼中，与其千方百计地想要超越别人，不如勤以自勉，借以超越自己，这种人才能最后走上成功的道路。

犹太人有一则故事教导人们要去超越自己。

有一对父子俩都是拉比。父亲性格温和，考虑周到；而儿了却孤僻、傲慢，所以他一直没有成功。

有一天，儿子对父亲抱怨这件事情，老人说：

"我的孩子，作为拉比我们之间的区别是：当有人向我请教律法上的困难问题时，我给他回答。他提的问题以及我的回答，我的提问人和我都满意；但是若有人问你问题，则双方都不满意——你的提问人不满意是因为你说他的问题不是问题；你不满意是因为你不能给他一个答案。所以，你不能怪别人而必须放下架子鼓励自己，才能成功。”

“父亲，你是说我必须超越自己？”

“是的，”父亲回答，“真正超越从前自我的人，才是真正成功的人。”

超越自己的历史传统融入了犹太人的血液之中，所以，犹太民族成为最勤奋的民族。

在当今，大多数人的生活，是不断复制的照片，一张与另一张极其相似，变得平淡乏味。在这样一种生活之中，保持一种不断前进的动力则变得越来越重要了。犹太人更加珍视这种流传已久的传统，不断反省自己的生活，追求更新和超越。

食品大王保罗·纽曼的故事更能说明犹太人如何打破旧有的生活状态。纽曼是美国著名的影星，他有杰出的表演才能和先天的强健体魄，他是银幕上的男性偶像。他主演了许多影片，如1956年的《上帝喜欢我》、1958年的《漫长的夏日》、1960年的《在阳台上》、1961年的《骗》等，均获观众的好评。他曾5次被提名为奥斯卡金像奖最佳男主角，到1987年他60岁时，终于在第六次提名时，荣膺奥斯卡最佳男主角，圆了自己40年的梦。此外，他还是出色的导演。他在电影上的成就，为他赢得了声誉和财富，他成了一位富有的艺术家。

保罗·纽曼是出生在美国的犹太人，他的父亲是一位小商人，母亲喜欢音乐、艺术。纽曼大学毕业后，留在父亲的商店工作。本来做一个老板，做一个犹太商人，他也可以成功，可他不满足于日复一日的平淡生意。于是，在不解和怀疑的目光中，他毅然卖掉了杂货店，一心一意投入到了演艺界。1987年，他因在《金钱本色》中的成功表演而获奥斯卡奖。保罗·纽曼从商人到艺人的跨越，使其在新的领域内赢得了更大的成功，也发挥了自己在表演上的天赋。

但是，保罗·纽曼的超越永远没有完结。1982年，一个偶然的机会使他接触到了一种新的食品。这种新玩意儿是拌面条用的酱汁，味道非常好。曾经作为商人的纽曼看到了其中蕴藏的商机，于是他与朋友合作，投资数十万美元开发这种食品，并成立了“保罗·纽曼食品公司”，就这样，他又开始了从艺人到企业家的超越。最后，他被誉为美国的“食品大王”。

保罗·纽曼从商人到演员直到天王巨星，又从天王巨星到企业家直到食品大王，他的人生之路告诉我们，要不断超越自我，不断让自己在新的生活和环境中去迎接挑战，我们才能保持住生命不灭的创造力，才能最大限度地发掘自己的潜力。

唯其如此，我们才能获得一个又一个的成功！

2. 善，能增加人性之美

犹太人注重善恶的价值判断。

他们认为，如果一个人仅凭着自己的好恶而活着，那么他的自我感受也好，利害得失也好，都很难持久。一个人只有具有善的力量，才能吸引住别人。

善恶分明，这是犹太人诚实或信用的魔力所在。

犹太人不仅注重培养知识及能力，而且，强调教育应该培养一个人辨别善恶的能力。他们认为生活的意义应该很广泛，否则人们会失去生气，不能生活得有声有色。因为人处世的目的不外乎两个，一为“过人的生活”，二为“增加人性之美”。

一则犹太故事很能说明犹太人是如何看待善恶问题的。

有一个人终生都十分自私。他快要死了的时候，他的家人催促他吃点东西。他说："如果你们给我一个熟鸡蛋，我就吃。"

他正要吃鸡蛋，一个穷人出现在门阶前乞求道："给我点施舍吧！"将死之人便把头转向家人，命令他们把他的鸡蛋给乞丐。

临死时，儿子问他："父亲，你所去的世界是什么样的？"

他回答道："要以实际行动行善，那样，你就会在你将要去的世界里有一席之地。我终生所行过的善只是给了那个乞丐一个鸡蛋。但是我死了之后，那个鸡蛋却抵消了我所犯下的所有罪过并且我要被天堂接纳了。"

犹太人用这个故事说明，做善事可以抵消自己的罪恶。那么如何去行善呢？

犹太人又有一则寓言说明这个问题。

一个人想知道天空是从哪里开始的。他首先遇到一只蚂蚁，问道："天空是从哪里开始的？"

蚂蚁回答说："天空是从你鞋子那么高的地方开始的。"

他继续向前走，遇到了一只山羊，他问山羊："天空是从哪里开始的？"

山羊回答说："天空是从草原消失的地方开始的。"

最后，他遇到了一位白发老人，问道："天空是从什么地方开始的？"

老者说："天空是从你的脚下开始的。"

天空开始于你的脚下，世界也是如此。

因此，犹太人认为，世界开始于每一个人，绝不可以说："我怎么能有改善世界的力量呢？我是完全无能为力的啊！"所以，犹太人强调要加强个人自身修养，培养起善恶的观念，并由此来影响周围的人和环境。

影响周围环境，就是要去阻止别人作恶。犹太人认为，无论是谁，如果他能够阻止家里人作恶而没有去阻止，就要为家里人的罪恶而受罚；如果他能够阻止身边的人作恶而没有去阻止，就要为身边的人的罪恶而受罚；如果他能够阻止整个世界作恶而没有去阻止，就要为整个世界的罪恶而受罚。

善恶的判断，要从自己开始。《犹太法典》是这样教育犹太人的："凡能超越别人的人，都受过两种教育——一种受自教师，另外一种受自自己。"

犹太人强调善恶之辨，但并不把善恶看成是非常绝对的，他们并不认为好人就会好到底，而坏人也坏得不可救药。

他们认为每个人都有"光"和"影"两面，任何好人都会有"影（坏）"的一面，任何坏人也都会有"光（好）"的一面，因此有缺点不要抬不起头，只要让光的部分更光亮就好了；同样，即使有优点和长处也不要自满，必须不断努力缩小影的范围。

犹太人虽然认为每个人都应该以善来改造自己、改造世界，但并不单纯地认为个人活着就是为了他人和社会。

《犹太法典》上指明个人的处世目的是："人是为保存自己和帮助他人而生的。"

因此，犹太人认为，人不可只为自己，或只为他人而活着。光想着自己的人是卑贱的，而光想着怎样做自我牺牲的人，则有丧失了理智的嫌疑。

因此，犹太人的善恶观，也是非常有分寸的，而且，易于为人们所理解和接受。这正是犹太人绝妙的处世智慧。

3. 苦中作乐，处世中的智慧

犹太民族一向是以苦中作乐而著称的。

犹太人中有一句流传很广的谚语："有十个烦恼比仅有一个烦恼好

得多。”

犹太人认为，因为仅有一个烦恼时，这个烦恼一定是相当深刻的，所以一个人如果同时有很多烦恼，他就应该谢天谢地。我们常听说有人为一个烦恼而自杀身亡，但很少听到有人为十个烦恼而自杀。

犹太人的这个观念十分有趣，但是其中体现出了犹太人面对苦难和折磨的从容姿态。

犹太人有一则名叫“飞马腾空”的童话故事。

古时候，有一个人因惹怒国王而被判了死刑，这个人向国王请求饶恕一命，他说：“只要给我一年的时间，我就能使您最心爱的马飞上天空。如果过了一年，您的马不能在天空自如飞翔的话，我宁愿被处死刑，绝不会有半点怨言。”

国王想了想就答应了他。

在他回到牢房之后，另一位囚犯对他说：“你不要信口开河好不好，马怎么能飞上天空呢？”

这个人回答说：“在这一年之内，也许国王会死，也许我自己病死，说不定那匹马出意外送了命。总之，在这一年之内，谁知道会发生什么事呢？所以只要有一年的时间，没准儿马真的能飞上天空！”

纵观犹太人颠沛流离的历史，到处都弥漫着这种乐观的精神。

可以说，犹太民族就是因为有了这种乐观的精神，心中充满希望，他们才能生存下来。

对于犹太人来说勇气和希望深深地埋藏在他们心底，任何人都无法夺去。所以，他们一直乐观向上，纵使在世间最罕见的苦难中也坚强无比。

在犹太人眼中，幽默是只有强者才能拥有的特权。因此他们很重视幽默。因为幽默是人所具备的力量中之最强大者。

犹太人常说：“笑是百药中最佳的良药之一。”

因为“笑”能在痛苦时安慰他们的心，能使快乐的犹太人更加充满活力，可是，犹太人认为笑所隐藏的力量绝不仅如此；只要更重视笑，它就会成为人类所有与生俱来的能力中，最强而有力的一种武器。犹太人认为幽默就是要使人笑起来。

尽管犹太人有着苦难的历史经历，但他们对生活一直充满坚定的信念，否则他们的民族就不可能经受住那么多折磨而幸存下来。事实上正是苦难造就了犹太人不可动摇的乐观精神。

欢乐和笑声是犹太人生活中必备的良药，这使他们总能保持一种乐观的生活态度。对犹太人来说，生活的压力太大了，他们无法用泪水和无休止的呻吟来化解它。迫害、痛苦和他们在潮湿的“贫民监狱”里的贫困生活都不能阻止他们的欢笑。但是，犹太人的笑声不是一般的无聊取乐，也不仅仅是消遣，而是对严酷生活的一种顽强而具有反抗性的回答。因而在犹太人的幽默里存在一种独特的智慧，它不仅仅是一种对生活的尖锐批评，还是一种能帮助他们缓解痛苦，有效地调节、娱乐身心的好办法。

这令人愉悦的幽默，有人把它叫作“犹太风趣”。

很多犹太传说和民间故事包含着深深的悲剧幽默情调。就像许多犹太民歌一样，它们的旋律中总是回荡着挥之不去的忧伤。但这种忧伤却没堕落为绝望或是自怜自叹。他们总是在净化之中保持着尊严，在坚定的信念中使痛苦也变得高贵，即使是在失败中他们也因为拥有正义而获得道义上的胜利。

犹太人性格中的“幽默”，是与他们的乐观精神以及向逆境挑战的勇气联系在一起的。

犹太人认为，幽默是人们所能拥有的最强大的力量。它能使人放松心情，持宽和的心态。

因此，每逢尴尬的场面，犹太人总喜欢借助笑话、幽默来使气氛、场面开朗起来。

尽管并不是所有的幽默都是成功的，有些幽默反而会使局面更加难堪。但是，犹太人也并不觉得这有什么不好，他们看重的是个人的心态，而不计较效果，因此，犹太人说：“只要是幽默就能使人放松心情，而唯有贤者才能在任何情况下，都永远保持着宽松的心情。”

犹太人认为只有那些强人，那些不屈不挠的人，才能在危机之中，瞬间离开自己所处的境地一步，站在客观的立场上，来观察自己、幽默自己。在犹太人眼里，幽默既代表了强人的韧性，也代表了强人的胆识。

犹太人把幽默当作一种重要的精神食粮。在希伯来语中，智慧被称为“赫夫玛”，幽默也被称为“赫夫玛”，而幽默正好成为了犹太民族苦中作乐的生存和处世智慧。

4. 宽容自己——钱和性并不肮脏

犹太人做事讲求节制。但是如果把犹太民族看作一个主张禁欲的民族，那就大错特错了。犹太人对人的基本需求采取的是一种相当宽容的客观态度。

犹太人正视人对于金钱和性的欲望，并不认为这是个可耻的事情。在犹太人心中，这两者并不肮脏。相反，却是有益于人生的。

犹太教的拉比们认为，金钱和性有某种共同点，缺少了两者或者之一，人们便会一股脑儿地想着这两件事，直到得到了之后，才会有心情去享受别的乐趣。所以，它们都是人生不可或缺的慰藉。

古代的犹太社会里，曾经有过很多隐士，他们为了摆脱世俗的烦恼，寻求神仙般的生活，就住进沙漠，一面向神祷告，一面苦修宗教，犹太人称这种人为“那吉尔人”。那吉尔人远离酒和女人，在沙漠地一住少则1年，多则10年。但是，一旦他们回到社会之中，就要请求神宽恕自己的罪。

因为在犹太教的观念之中，否定生存的喜悦是一种罪行。

这种观念犹太人保存至今。

对犹太人来说，一时的脱离常规并不是不可饶恕的事情，比如，时而酩酊大醉、口出呓语；时而引吭高歌、放松心情；甚至还要打架，疏散心中的郁闷，这都是无可厚非的。但是，无论一个人如何摆脱常规，都应该使自己的行为有益于正常生活的维持。

犹太人并不害怕人生齿轮一时的乱转，对于他们来说，可怕的是它终生的乱转。

犹太人并不以金钱和性为耻，但也绝不以此为荣。相反，对于金钱和性，犹太人认为要适当，不可过度沉迷其中。

对于金钱和性，既不敌视，看若洪水猛兽，也不倡导放纵沉迷其中。主张对其应有一个正确客观的看法，这一点自古以来为许多民族所缺乏，而犹太人却独特地做到了，并且成为他们处世的一个准则。这无疑是犹太民族的高明和不凡之处。

5. 对自己充满希望才会有希望

犹太人认为，和疾病搏斗的最有效方法，并不是消极地杀死细菌或毒素，而是积极地设法使自己的身体强健起来。

因为，在犹太人眼中，当有充分的营养和休息后，身体自然而然地就能抵抗疾病。

同样的道理，犹太人认为，生命的天平常在希望和绝望之间摇摆不定，只要增加希望的分量，便能保住生命，也就可以让天平的指针倾向有利于自己的方向。所以，在处世智慧中，犹太人坚信与其和绝望搏斗，不如维持希望。

“我们必须勇敢，并且运用自己所具备的优良本质，借以生存下去，更要发挥这一种能力来认识自己。经常有恐惧、谨慎、懦弱及胆怯等因素控制着我们的活动，所以我们最大的敌人是妨碍自己的本能，也就是与生俱来的‘欲望’和‘个性’。”一位犹太拉比告诫人们时说。

《犹太法典》中有一句话：“今天将要发生的事我们都还不知道，何必为明天而烦恼呢？”

犹太人认为，人生有三道门，分别通往过去、现在和将来；不可关闭这三扇门中的任何一扇，同时还要对每一扇门都存着希望，借着过去的经验，来把握现在、创造未来。这是人生的真正目的。

在犹太人心中，人的一生并不只是由今天和过去两个因素构成，还应包括有很多“明天”的成分在内，而明天的那一部分，也就包括明天一定能好转的“希望”部分。所以人不仅是能生存在过去和现在之中的动物，同时也是能够生存在未来之中的动物。

犹太人为什么尊敬年高德劭的长者？因为他们“过去”的那一扇门中有宝物。为什么年轻力壮的男女都很美？因为他们“现在”的门中有宝物。孩子为什么可爱？因为他们象征着“未来”。

犹太人很倔强、好强、不屈不挠，他们绝不甘心落在别人之后，他们认为谁灰心、谁气馁，谁就是战败者。

雅各向朋友艾隆克借了一笔钱，眼看着明天就要到期了，可是雅各仍然囊空如洗，一毛钱也没有。明天怎么还债呢？他脑子里乱糟糟的，不知道明天怎么向艾隆克解释？他虽然躺在床上，可是辗转反侧，睡不着觉；后来他干脆下床，在床边绕圈子，又在椅子上坐了下来。他想了又想，仍然想不出个所以然来。这时雅各的太太利百伽突然开口说：“你这个人真笨，明天你没有钱还，应该担心，应该睡不着觉的，不是艾隆克吗？”雅各一下恍然大悟，他呼呼大睡，一觉睡到天亮。

犹太人认为，有晴朗的日子，也会有阴暗的日子，所以事情既然已经成为过去，谁也无可奈何。神为了补偿人的过去，所以赐给人未来，只要不失去希望，人们就一定能随心所欲地创造未来。

因此，犹太人对困难和逆境是既不灰心、也不气馁，总是保存着希望而顽强地生活着。

6. 看重自我，尊重别人

一个人来到小镇，他拦住集市上的一个犹太人问道：“先生，您能否告诉我，教堂的主持瑞伯·扬科住在哪里？”

“哦，”那人回答道，“你说的大概是那个结巴瑞伯·扬科吧，他的父亲是瑞伯·艾瑞莫，一个老湿疹……他住在离教堂稍远的地方。”

这个人到了教堂，他问一个过路人：“您能告诉我瑞伯·扬科住在哪里吗？”

“哦，你说的是瑞伯·扬科啊，那个疝气患者，爱打老婆的家伙？”过路人说道，“他已经埋掉了三个老婆了。你到那边能找到他。”

这个人继续往前走，他相信自己没走错，但为了确保无误，他还是停下来问了一个店铺老板。

“您能告诉我瑞伯·扬科住在哪里吗？”

“哦，瑞伯·扬科！”店主答道，“你是说瑞伯·扬科·高尼夫，每过一年就要破产一次的那位！他就在那里！”

这个人向瑞伯·扬科走去，向他问道：“请告诉我，瑞伯·扬科，您究竟为什么不愿做这个镇的主持呢？”

“因为不幸太多！”

“那么为什么您又要做呢？”

“问得好！我这样做是出于荣誉！”

犹太人非常重视个人的荣誉。因为在犹太人的心目中，真正能保持高度荣耀、重视荣誉的人，才能在社会上有地位，在人际交往中受到别人的信赖。

但是，对于荣誉，犹太民族又有自己独到的看法。

在犹太人心中，只有靠自己才能决定什么是美。荣誉和荣耀都要发自个人的内心，绝对不是可以透过别人眼光来衡量的东西。因为一个人必须要有某种不可动摇的立场，才能证明人格的尊严。

因此，对于犹太人来说，一个人的精神支柱即在于信念，不具信念的人，同时也欠缺说服力。自信是犹太人荣誉的源泉。

犹太人认为，一个人愿意信赖你时，他所想依靠的就是你的信誉。在犹太人眼中，一个人为了自己的信誉，即使必须付出生命，也应该紧紧地把守住它。虽然，“荣誉”是虚假的，但是，每一个人都必须要有荣誉心。

“神是神，只有神才是神。”这是犹太人在漫长历史中，长久流传的一句话。这是为什么呢？因为神有它的荣誉。

“荣誉”代表着社会上的好评，“荣誉”也代表自己的信誉。所以，犹太人认为一个人是否能保存自己的荣誉，完全在于自己，和别人一点关系也没有。因此，荣誉也好，信誉也好，首先是个人内心的问题，其次它又是社会的。因此，既重视自我又重视别人的人，才是重视荣誉的人。

对于荣誉的独到理解，使犹太人能够辩证地处理好个人行为与他人看法的关系，这是一种成功的处世智慧。

7. 有进有出，才是快乐人生之道

在犹太人心目中，任何人都不可妄想占据所有的东西。

因此，在犹太人看来，对于人们来说，分享是一个很重要的观念。但是，大多数的人总是希望分享别人的利益，而不希望别人与自己分享。对此，犹太拉比常常用以色列的两个内海——加利利海和死海给犹太人以这方面的教育。

死海在海平面下392米的低处，它的周围是一片无垠的沙漠，对岸则是约旦的领土。死海的水中含有很高的盐分，盐的比重很大，当人们掉进去时，身体会自然浮起而不会淹死。死海的水中无鱼，也没有其他任何生物。

加利利海是一个淡水湖，里面含有很多生物，因耶稣基督曾在此地渔猎，而享有盛名。海中盛产一种“圣彼得鱼”，这种鱼虽然外表丑陋，可是肉味鲜美，已成该地名产。加利利海海边餐厅林立，都以售圣彼得鱼为主，来游览的旅客们常常因此大饱口福。

加利利海的岸边的老树枝叶茂密，树上百鸟云集，啼声悦耳，真是一个充满生趣的美丽世界！相形之下，死海就没有这么活跃。死海没有任何生物生存在其中，周围也没有半棵树，更听不到鸟儿的歌声，连漂浮在死海上的空气，都让人觉得沉重而透不过气来，因为如此，人们才会名之为“死海”吧。

两者为什么有如此差别呢?

犹太拉比们的解释是：加利利海不像死海——只知收，而不知出。

约旦河流入加利利海之后，又流了出来，最后到达死海。加利利海接受了多少东西，也会给别人多少东西，所以它经常是活生生的。而每一滴水，到了死海之后，都要被占有。死海把所有的东西都占为己有，只知进而不知出，所以生物都不愿意住在其中，造成死气沉沉的景象。

水不流，鱼不栖，没有任何生物饮水，只取而不予，这是非常不正常的现象。因为死海从来不分给别人什么，所以它才会“死”在那里。在人的一生中，也常常会遇到像死海这样只进不出的人。

因此，犹太人认为，人应该像加利利海那样活跃，经常给予，千万不能学死海，只进不出。

有进有出，这才是聪明人的处世之道。而犹太民族在处世之中就常常注意这一点，既接受人家的给予，同时也很注意把自己的东西给予人家，把分享作为人生的信条。这是犹太人成为世界上最优秀民族的原因之一。

8. 人的热情要靠理智来支撑

犹太人把人的热情分为两种。一种是感情所煽起的热情，另一种则是理智所支持的热情。

犹太人认为，感情所煽起的热情是很危险的，因为感情时而高昂，但却绝不能持久；理智则可贯彻终生。

在犹太人看来，人的热情，要靠理性来支持。比如爱因斯坦的“相对论”研究，都充满着热情，并以理智为基础，理智又促进热情，使他敢于向困难挑战。

同时，在犹太人心中，凡是经不起时间折磨，过了一段时间就会失去价值的东西，都不珍贵，感情便是这种不堪时间折磨的东西。

在犹太人心中，同情是一种感情煽动起来的热情。

犹太人称同情为“雷赫姆”，“雷赫姆”是“母亲的子宫”之意。

拉比们说母亲怀胎10月时，不管肚子里的孩子是男是女，她都一定会流露出深切的母爱，“同情”的语源就是这么来的。

《圣经》上说：神本来打算让这个世界成为只有正义才可以统治的地方，但是没有成功，在不得已的情况下，他把“同情”给了人，使人能继续生存于世上。

犹太拉比告诫人们：绝不可因过度的热情而引火焚身，毁灭自己。因为这种热情会使人生的齿轮狂转，恋爱就是其中的一项。犹太人很少有激烈的热恋，虽然他们也会恋爱，但是大多数人认为，恋爱只不过是为建立家庭预做准备而已。

犹太人很重视“中庸”的观念，而不喜欢偏激，这也是犹太人强调理性处世的原因之一。

虽然如此，但并不是所有的犹太人都不重视感情。

《犹太法典》中有一句很美的话：“心满了的时候，就会从眼睛溢出来。”可见《犹太法典》是肯定感情的存在的。但是，当犹太小孩哭时，他们的父母就会以“笑是风力、哭是水力”这句谚语来耻笑孩子，教导他以理性的态度来停止感情的泄放。

总之，在处世的智慧中，犹太人作为整体的民族来说，它是比较偏重于理性而少感情的。

9. 人生需要除“锈”

金属会生锈，这是生活中的常理。也许有人认为“锈”是一种有百害而无一利的东西，但是犹太人却认为绝非如此。

在犹太人心中，神创造的每一件东西，都有它的理由。而且它创造的每一件东西天天都在进步，人也参与了这种创造的活动。

甚至人每天都要重生，都要蜕变，而且无论是知识或是流行，每天也都有或多或少的改变。所以这个世界的创造过程是时时刻刻有进展的。“锈”是创造过程中的一员，所以它也是有用的。

为了去创造，犹太人提出，必须毁掉旧的东西，才能有新的创造。在一场戏剧中，常有新的角色出现；当新的东西诞生时，就会有旧的东西腐蚀、消失。“锈”就是一种去除旧的东西，并且准备产生新的东西的东西。

假如没有“锈”的破坏，这个世界就会堆满破铜烂铁。

犹太拉比们认为，人的生活中，也有类似“锈”的现象，例如：人们的记忆，会随着时间的流逝而逐渐稀淡。因为人类应该忘怀从前的事情，不必记住所有的事物，而应该用清醒的头脑去思考一些新的问题。

老年人常说：“年纪一大，记忆力就愈来愈差，牙齿也不管用了。”犹太人认为，其实这正是神的旨意。神为了让老年人度过一个安详的晚年，所以才减弱他们的记忆，同时也老化他们的牙齿，使老年人只能接受柔软的食物。

因此，犹太人认为任何事都有好与坏两面。他们看待人生也是如此，每一个人都有坚强的一面，同时也有脆弱的一面。

无论人或事，都不应单纯地看待他们的某一方面，而应综合、全面、辩证地看待。

10. 自大是罪恶的捷径

世界上有很多不美丽的东西，但是其中最丑陋的便是“自大”。

犹太人认为，当人自满自大时，就会失去一个人应有的谦虚以及改过向上的念头。自满自大的人很容易犯过错。因此，《犹太法典》虽不认为自大是一种罪过，却认为它是一种愚昧。

有很多人总以为自己是世界的中心，但是周围的任何人却绝不可能那么重视自己，因此他厌恶别人的漠不关心，同时更为自己没有达到更高的目标而生气，于是就会产生过度的自我嫌恶。在犹太人看来，这也算是自大的一种。

因为这种自我嫌恶和虚荣心是互为表里的。

犹太人说：“如果自己的内心已由自己占满时，就再也不会有留给神住的地方了。”因此，在夸奖别人之前，犹太人绝不会夸奖自己。

犹太人告诫孩子们不可自大时，常引用《圣经·创世纪》做比喻：

在《创世纪》中，神首先分别光明与黑暗；再分割天空和地面，并将地面划分为水、陆；然后他开始创造生物；到了最后才创造人——亚当；因此，甚至跳蚤都比人早到这个世界，那么人有什么了不起呢？就是在动物面前，连耀武扬威的资格也都没有。

谦虚是美德，因此《犹太法典》中告诫人们说：“即使是一个贤人，只要他炫耀自己的知识，他就不如一个以无知为耻的愚者。”

犹太人有许多嘲笑不谦虚的人的故事。

有一位从事神圣工作的拉比好像在熟睡。他的旁边坐着信徒，他们正在讨论这位神圣的人无与伦比的美德。

“他是多么虔诚！”一个信徒陶醉般叫了出来，“在整个波兰也找不到第二个像他这样的人！”

“谁能和他比仁慈？”另一个信徒狂热地呐喊，“他给人宽广无私的施舍。”

“还有多么温和的脾气！难道有谁见过他激动吗？”另一个信徒眼睛发光地低语。

“啊，他是多么的博学！”一个信徒用圣歌般的调子说，“他是一个伟大的拉比！”

信徒们陷入了沉默，这时这位拉比慢慢地睁开了一只眼睛，用一种受伤害的表情看着他们。

“怎么没有人说说我的谦虚？”他责备说。

这则故事的名字就叫《谦虚的拉比》，它嘲讽了一个毫不谦虚的拉比的愚蠢。

此外，法典还对自大的危险提出了警告：“金钱是自大的捷径，而自大是罪恶的捷径。”

不把内在显现给别人看的人，才是最聪明的人。不自大，也是犹太民族处世技巧之一。

11. 每个人的命运都掌握在自己手里

翻阅那些成功犹太人士的奋斗史，我们总会看到：他们都是将命运掌握在自己手中，从自我做起，不断超越自己，最终成就自己的强者。就犹太商人而言，那些名震天下、威仪四方的富商巨贾们，更是从无到有，白手起家，不断积累，不断壮大自身实力，而最终功成名就的代表。美国连锁店先驱卢宾最早也是一个穷光蛋，他16岁时随着“西部大淘金”的浪潮去加利福尼亚，但淘金并没有为他挣来多少钱。后来他做一些小商小贩的买卖，才开始赚一些钱。慢慢地，他越赚越多，并将自己的生意扩大到城市，直到发明连锁经营的方式，他的生意才越做越大，以至像滚雪球一样，历经数年的时间，终于成了大富翁。而金融世家罗斯柴尔德家族的第一代创始人迈耶·罗斯柴尔德也是一个出生于德国法兰克福一条脏乱犹太街的穷小子。他开始时贩卖古钱币，并为之苦苦经营了20多年，终于因世人对古钱币的喜好而命运陡转，成了富翁，并最终涉身金融领域，一发不可收，最后成了威震欧洲乃至全球的金融舵手。另外，服装大王罗森沃德、牛仔裤的创始人利维·施特劳斯、美国电报大王萨尔诺夫、股票神人孔菲德等都是白手起家，不断完善自我、承认自我，从一无所有，而最终成为富翁大亨的犹太人。

《犹太法典》中有这样一个故事：

有两个犹太人，一个是家世显赫的青年，另一个则是一贫如洗的牧羊人。家底殷实的青年非常神气，他为自己的祖先和自己的富有而自豪，并向牧羊人趾高气扬地吹嘘。牧羊人听后，毫不自卑地回应说：“原来你是那样伟大祖先的后代啊！可是，你要知道，你或许是你们家族的最后一个人，而我却是我们家族的祖先。”

牧羊人的意思是说，尽管你很富有，但你不过是背靠着显赫的家势，并不能说明你自己有多大本事；我尽管贫穷，但我的一切都来自我自己的努力，而不是家族或祖先的给予，并且只要我努力地去奋斗，我们的家族就可能因我而开始富裕，从而慢慢显赫起来，到若干年后，我就是我们这个显赫家族的祖先了。由此看来，在犹太社会当中，个体的存在是高于家庭，乃至家族的存在的。家族的存在不是不重要，但在个人的成功方面，家庭或家族并不是重要的因素，最重要的因素是自己，是个人的努力与奋斗。

正是基于此种认识，我们才有马克思、爱因斯坦、弗洛伊德、奥本海姆这样伟大的智慧头脑，而他们都不是来自显赫的家族，他们依靠的是自己。

那么具体而言，怎样才能将命运掌握在自己的手心呢？在犹太人的思想和犹太商人的行动当中，可以体现出以下几点：

（1）要有顽强的独立意识；

（2）要具有自强不息的精神；

（3）要确立自己人生奋斗的远大目标；

（4）要在人生奋斗的旅程中，积极进取，奋斗不已。

如果做到了这四点，估计你就找到了掌握自己命运的金钥匙。

12. 唯我可信，独立意识强烈

犹太人的现实生活，几乎都是处于动荡与逆境之中。如何在逆境中求得生存和发展，把握住自己的命运，是每个犹太人都在思考和关心的问题。长期的流浪和居无定所，加上所料不及的歧视和压迫，使他们在艰苦恶劣的环境中树立了一种独立的生命意识。而对于后代，在他们还是孩提时就被灌以独立自救的意识，以期能在未来的坎坷人生路上自如应付。这种独立意识的培养，主要得自于父母对孩子“只相信自己，不相信别人，任何人都不可靠”的知性教育。

每个人在童年时都有一颗纯洁的心，他们并不知道世界的真实面目，只觉得世界很美好。他们不仅相信自己，而且信任周围所有的人。如此天真单纯的人，是无法应付复杂的人类社会的。由于犹太人生来就处于逆境之中，生存的环境对他们来说更可谓是充满荆棘。要适应这个环境，首先就必须懂得怎样对待自己和他人。因此，犹太人教育自己的孩子要相信自己，除了自己以外，任何人都是信不得的。

为了达到让孩子们不信任别人的目的，父母时常担任坏角色，不断地骗自己的孩子，同时让孩子清楚地意识到自己的双亲在骗自己。每次的上当受骗，使孩子们意识到，双亲是信不得的，自己至亲的人都信不得，还能去相信谁呢？

一则小故事很能说明这个问题，它讲述的是父亲和儿子之间的事。

三岁的迈克有一天在客厅里和姐姐玩游戏。当他们玩得正高兴的时候，父亲抱住小迈克，把他放在壁橱的上面，并伸出双手做出接住他的样子。迈克为父亲参加他们的游戏而感到十分高兴，他望着父亲，毫不犹豫就往下跳。在跳下来的瞬间，父亲却缩回双手，迈克重重地摔在地板上，号啕大哭。他向坐在沙发上的妈妈呼唤。可是，妈妈却若无其事地坐着，并不去扶他，而是微笑地说：“啊，好坏的爸爸！”父亲则在一旁站着，用嘲弄的眼光望着可怜的迈克……

在中国人看来，这样做未免残忍了些，可是，犹太人认为这是很正常的，合情合理的。他们说：“像这样重复五六次以后他们就不敢相信别人了，这样做的目的无非是让他们知道：世界上没有一个人是可以相信的，连亲生的父母也不例外，唯一可以信任的就是自己。”

这种只相信自己的思想，是孩子们独立意识形成的基础，它使犹太小孩从小便有独立生计的意识存在。他们相信，只有自己才能养活自己，靠别人来过活绝对是天真的幻想。因此，他们在任何条件下，都能顽强地生存下去。

这种“唯我可信”的做法，也使他们在处理所有事务时，小心谨慎，认真思考后再作出抉择，所以他们很少上当受骗。

这种培养孩子独立意识的做法，在我们看来虽有些残酷，但绝对理智！它正是犹太民族长期流而不散不亡的一个重要原因。在长期的流浪生涯和被人排挤中顽强生存下来的犹太民族自然会对他人疑窦丛生。而商业经营者作为独立掌握自己命运的市场经济一分子，首先应具备的便是这种理智的独立意识与生存意识。这种意识还构成了犹太商人自我保护的防护膜，使他们从不陷于别人的商业陷阱。

犹太人正因为不轻信别人，不被许多事物的表象所迷惑，所以才能在生意场上纵横捭阖，成就卓然。当然，犹太人这种不轻信别人的思想也几乎到了偏执的程度，他们不相信父母也就罢了，但对自己最爱的妻子也不相信就有些让人匪夷所思了。按照中国的传统，这种思想是可怕的，不相信自己身边最亲近的人，家庭岂不破裂？可换一个角度，那些腰缠万贯的大亨巨富，又有几个真正拥有一位只爱他并愿与之终生为伴的妻子？正如一位犹太人律师的幽默自嘲：“娶了老婆，她必会觊觎我的财产。为了我的财产，说不定什么时候她还会将我杀掉，我何必冒生命和财产的双重危险而去结婚呢？”怪不得有那么多的犹太富翁独身，原来如此！

13. 万事从我做起

人最爱犯的错误是认识和观念错误，一旦观念不正确，就必然导致行为跟着错。

任何人都希望别人给予帮助。在困难和危险面前，我们总在想：要是有人帮我一把有多好！于是，我们老寄希望于别人，特别是自己的朋友。但实际上，朋友再好也仅仅是朋友，他的心里想什么你只能去揣测，而绝对不会受你的左右，而至于那些不曾相交的一般人，就更别指望了。一般而言，人是有善心的，但是绝不是每个人都是菩萨。所以，自己不做事而寄希望于人，自己便是天生的寄生虫；与其将希望寄托在别人身上，不如从自己开始，牢牢把握自己。

人人都希望有个好的家庭，在生活中获得成功与幸福；也希望自己有个好的工作条件和拥有一个好的祖国。这样的话，我们便不怎么努力也可衣食无忧。可是，我们知道如何来创造一个良好的家庭环境，好的工作条件和富裕的国家吗？我们羡慕那些显赫的家族，可我们必须知道，当他们的先辈创业时多半也是白手起家，靠自己的双手和智慧才赢得了一片天地，后继者也是勤耕不辍，兢兢业业，在先辈的基础上继续前进，而绝不是坐享其成，坐吃山空。我们梦想着有个优雅舒适的工作空间，做着令人艳羡的白领或金领贵族，可是我们必须知道，这样的工作空间是靠自己不断地学习和经验积累才有的。同样，我们希望自己降生在一个美丽富饶繁荣的国度，可是，正如肯尼迪说的那样：不要问你的国家能给予你什么，而要问自己能为自己的祖国做些什么。如果没有众多个体的奋斗与努力，一个国家又何来繁荣与富强呢？

总之，一个道理，一切都要从自己开始，与其指望别人，不如自己亲自动手。

可是，人的天性就是对别人的过失总是很敏感，而对自己却异常宽容，有时甚至还为自己强词夺理，巧言辩护。人很能严格地要求自己的妻子、儿女、同事、朋友、上司、下属，却唯独不能严格要求自己。因此，人最大的缺点就是不能以身作则，从我做起。中国有句俗话叫“正人先正己”，更告诫人们“其身正，不令而行；其身不正，虽令不从”。我们要时时反省自己，“吾日三省吾身也”，先自我批评，管好自己，然后才能推己及人。

《犹太法典》中这样告诫犹太人：

“最值得依赖的朋友在镜子里，那就是你自己。”

“人们介意他人身上些微的皮肤病，却睁眼不见自己身上的重病。”

同时，《犹太法典》中也这样来比喻领导者：

“身体从头开始。”

“没有船长的船，就如同没有舵，全然不知方向。”

“能以微笑回答别人非难的人，是领袖之才。”

人首先要要求自己，然后才可以要求别人。路要真正自己去踩，才真正算走自己的路。自己不走，叫别人走，是毫无道理的；而踩着别人的脚后跟走，其实是替别人走路。

犹太人有着凡事从自己做起，善于自我反省，慎独自律的传统。作为上帝的“特选子民”，他们以信守合约、遵守法律著称于世。在商业活动中，犹太商人严格遵守契约合同，哪怕这种约定是口头上的。在他们看来，既然双方达成了某种一致，就应该一丝不苟地去执行。也就是说，不管如何，都要求自己遵照契约的约定来履行自己的义务和享用自己的权利。他们相信，只有从自己做起，从自己这方面去执行合约，才符合上帝对“特选子民”的要求，而只有这样，才能真正体现合约的精神——按照合约来履行自己的义务。两方都按合约来要求自己，这样合约的价值才能真正体现；否则，一方不从自己做起，却要求对方，那合约的执行就会遇到困难；如果双方都想着用合约去牵制别人，那么这个合同就可能要无法执行。在与犹太人的商业往来中，根本不存在犹太人不履行合约的情况，除非是合约本身有问题。正是这种先从自己做起，自己严格要求自己遵守约定的商业精神，使犹太人获得了“世界第一商人”的桂冠。

同样，在犹太人的经营管理活动中，他们从来都是以身作则，先自己做好表率，然后才以自己的行动去感化影响别人，而很少有自己都没有遵守却让别人遵守的情况。或许，遵守规章，履行契约，从我做起，这些只是犹太人从我做起的比较浅层次的表现。在内心的灵魂深处，犹太人有着可贵的“慎独”精神，也就是可贵的自我反省、自我批评的精神，他们总是去问自己做了什么，做对了什么，应该做什么，却很少去要求别人该怎样。

在公众面前受到社会的压力，遵守规范是比较容易的。而单居独处之时，外界压力完全消失，只剩下内心的良知抵御着蠢蠢欲动的恶念。唯有此时能把持得住自己，方算得上有道德根底的人，所以《塔木德》上有一句话，叫“在他人面前害羞的人，和在自己面前害羞的人之间，有很大的差别”。

这个差别，就是所谓“罪感”和“耻感”的区别。

所谓“罪感”就是把罪之恶看作由罪本身的属性决定的。无论何时何地，人知我知，犯罪就是为恶，就是一件应该激起愧疚之心的事情。

而所谓“耻感”，则把罪之恶看作某种取决于外界状态的属性，为人知者方为恶，不为人知则无所谓恶不恶。所以，犯罪者的愧疚或者忏悔，不是为了作恶本身，而是为了作恶竟然被人发现。这种“愧”是为了“出丑”而愧，“丑”要是不出来，何愧之有？这种“悔”是为了搞错时机而悔，要是正逢无人发现的机会，何悔之有？

很明显，在“罪感”支配下的个体行为要比在“耻感”支配下的行为，在遵守规范时有着更大的自愿性、自觉性和自律性，这在犹太人的行为中表现得是十分明显的。

在拉比的教诲中，“独居闹市而不犯罪”，之所以能同“穷人拾遗不昧”和“富人暗中施舍十分之一的收入给穷人”同立为“神会夸奖的三件事”，其共同之处，尽在一个“独”字。犹太人所推崇的“慎独”，其实正是犹太民族延存的基本要求。

犹太民族弘扬“慎独精神”，但绝不必意味着一切以自我为中心，他们绝不提倡“独善其身”式的“隐士”，而是教导人们要和普罗大众生活在一起。

有个拉比，行为高洁，为人亲切而仁慈；对神虔敬，做事审慎，因此他理所当然成为受人景仰爱戴的人。

过了80岁后的某一天，他的身体突然一下子开始变得虚弱了，并很快地衰老下去，他知道，自己的死期已经临近，便把所有的弟子叫到床边。

弟子到齐了之后，拉比却开始哭了，弟子十分奇怪，便问道：

“老师，您为什么要哭呢？难道您有忘记读书的一天吗？有过因为疏忽而漏教学生的一天吗？有过没有行善的一天吗？您是这个国家中最受尊敬的人，最笃敬神的人也是您；并且您对那像政治一样肮脏的世界从没有插过一次手，照理老师您没有任何哭的理由才是。”

拉比却说：“正是因为像你们说的这样，我才哭啊。我刚刚问了自己：你读书了？你向神祈祷了？你是否行善？你是否做了正当行为？对于这些问题，我都可以作出肯定的回答；但当我问自己，你是否参加了一般人的生活时，我却只能回答：没有。所以我才哭了。”

以后的拉比们常用这则故事来劝说一些不在犹太人共同体活动中露面的人，以使他们一起“参加一般人的生活”。从这里不难看出，这个“一般人的生活”不是指一般意义上的衣食住行，也不是指常人的其他感性生活，而是特指犹太民族的集体生活。

可见，犹太人“从我做起”的这种以自我为基点的人生观念，并不是与集体与别的个体相离移的，犹太人“从我做起”的意义在于提升了自己，却又影响感化了别人，这比单纯的要求别人要强得多。正如在犹太复国运动中体现出来的，犹太人不论贫富，地位悬殊，一律为着心中的以色列建国而积极努力，他们从没有想过要求别人为重建国家而做些什么，而只是想着我能为祖国的重建做些什么。正是这种先从自己做起的理念和精神升华了犹太民族的集体感和凝聚力，才使他们能够在四散各地的情况下紧密相连，并最终促成了以色列的再生。

14. 健康最重要，记得给自己放假

犹太人自我解放的要诀是要让自己休息，并要懂得如何休息和保养健康，犹太人的精明在于，他们懂得如何来计算少休息几年与多休息几年的利弊。同时，懂得以享受生活和彻底放松自己来维护自己的健康。

首先，犹太人非常注重吃的享受，他们认为吃得好，身体自然也健康，只要不过分，这是符合保健原则的。在这一点上，中国人有个固执的想法，认为吃得少，吃得简单些，吃得粗糙些，也能长寿。在一些故事里，甚至还有许多不食人间烟火的神仙，这显然是很荒谬的。按现在身体健康的标准，食物营养好，身体补给越多，就越健康，要是食物粗糙，缺少营养，吃得再多，也不会健康。

因此，一个正确的健康观念很重要。健康是犹太商人的本钱，这是因为，犹太人自从几千年前被罗马人赶出家园后，就浪迹天涯，几乎没有存身之处，到处都受到歧视。在这样恶劣的环境里，他们始终没有倒下而断绝了种族，即使是在“二战”期间的空前灾难中，犹太人一下子被屠杀了600万，但剩下的犹太人又生存繁衍下来。这实在是因为他们懂得怎样保护自己，怎样去保持自己的身体健康。

犹太人注重饮食，更注重充分的休息，也注重享受。

商人同普通人相比，有一个特点就是忙，他们几乎随时都有事，只要愿意，工作干一辈子也干不完。但是，对于犹太人来说，身体健康则是根本，而身体健康则需要休息。休息必将和工作相冲突，怎么办？这时犹太人会毫不犹豫地放弃工作，选择休息。假如你不理解，向犹太人提问：

“你工作一小时可赚50美元，如果每天休息一小时，一个月就少赚1500美元，一年少赚1.8万美元，这值得吗？”

犹太人会比你算得更快：

“假如一天工作八小时不休息，一天可赚400美元，那我的寿命将减少五年，按每年收入12万美元计算，五年我将减少60万美元收入，假如我每天休息一小时，那我除损失每天一小时50美元外，将得到五年每天七小时工作所赚的钱，现在我60岁，假设我按时休息可活10年，那么我将损失18万美元，18万和60万哪个多呢？”

这在犹太人看来是很简单的道理，犹太人确实是很精明的！

15. 真正的假日才能解放自己

犹太人从每周的星期五晚上开始一直到星期六的傍晚为止，禁烟、禁酒、禁俗，一切杂念都抛到九霄云外，一心一意地休息和向神祈祷。犹太人的商业活动也似乎处于停止状态，事实上他们正是运用这段时间在积聚力量，准备投入下一场生意的博弈。

星期六的晚上，犹太人则开始尽情享受，过一个开心的周末。

不会休息的人是愚蠢的人。连视钱如命的犹太人也愿意放弃钱来休息，而那些不为钱所缚的人们为什么不保护一下自己的生命，在工作之余找点时间休息？

《圣经·创世纪》上说，神造物用了6天时间，所以到了第七天就要停歇一切工作。神赐福给第七日，意为圣日，在这一天，绝对不能从事工作，因为神停止了他的一切的工作，就安息了。

所以这一天是放假的日子，这一天不可谈论有关工作的事，不可思考有关工作的问题，不可阅读有关工作的书，当然，也不可从事有关工作的计算，甚至连煮饭做菜都在禁止之列。

点火的行为也被禁止，这对喜欢抽烟的犹太人来说，安息日实际是一个痛苦的日子。但是，异教徒点着的烟是可以抽的。

安息日访问朋友，一定要步行。这一天不可乘坐任何交通工具，但从事替外国人驾车的人，则被允许可以开车。

这一天是真正神圣的日子，也是真正放假的日子。

这一天到来之前，妇女们早已把家中的桌、椅擦得干干净净，银器更是光彩夺目，并且为准备食物大费工夫，忙得简直跟汉族人的过年一样。

每个注重传统的犹太家庭，每一周都有一个这样快乐的日子。安息日降临时，所有的犹太人仿佛受到主的恩惠，脸上放出圣洁的光辉。

因为主妇的刻意准备，所以星期五的晚餐是一周中最为丰盛的。

为了迎接安息日，大家都必须保持自己身体的整洁。所以每个人都要洗澡，换上最干净的衣服，然后全家人到礼拜堂去做礼拜。回家之后在餐桌上点燃蜡烛，放上一瓶酒，这时，丈夫便从《圣经》上挑出一些赞美词，来赞美他的妻子多么多么漂亮，多么多么能干，接着全家人一起祈祷，希望第二天开始的一周是最好的一周，最后，高唱赞美安息日的歌来结束这个日子。

这是犹太人真正的假日，一切工作都抛诸脑后，与家人和睦相处，或拜访朋友，不谈工作，就谈人生观、人性、艺术……这是多么美好的假日呀！因为身心的轻松愉快才是最好的休息。

中华民族是一个辛苦勤劳的民族，终年劳累到头，简直到累死累活的地步，但就是不懂得休息，不知道如何休息。

当我们累得不行的时候，可否学学犹太人，将一切工作和烦恼抛于脑后？亲爱的同胞，让我们给自己放假，从劳累中解脱出来，以轻松健康的姿态去迎接多彩的生活吧！

16. 不逃避责任，自己的责任自己负

《犹太法典》中说：“原以为一定会有人带蜡烛进去，可是一走进房间里，发觉整个房间都是黑漆漆的，没有半个人拿着蜡烛。其实只要每个人都拿一根小蜡烛进去，这个房间就会像白天那般的明亮。”

犹太教是反对犹太人放弃自己的责任和义务的。

古代的拉比们说过：“好事可以分享，自己的责任一定要自己负。”

因为不管是把事情推给别人，还是归咎于环境，自己的责任仍然存在而无法消失，所以犹太人从不把责任推给别人，而是自己动手去做。

因为人总是在世界的中心，不能完全抹消自己，当然也就不能抹消自己的全部责任，只要存在一天，人们就会有一天的责任，即使可以把其中的一半责任推给环境，但自己仍须负担另外的一半责任。

不朽的上帝对他的使者盖博瑞儿说：“去！在那些正直人的前额上用墨水做个标记，这样破坏天使就不会伤害他们；在那些恶人的前额上用血做标记，破坏天使就会消灭他们。”

这时正义站在上帝面前说：“宇宙之王，第一种人和第二种人有什么不同？”

“第一种人是彻底的好人，”上帝回答说，“第二种人是彻底的坏人。”

“宇宙之王，”正义争辩道，“正直的人有力量反抗其他人的行为，可是他们没有这么做。”

“你知道，”上帝回答说，“即使他们反抗过了，邪恶的人也不会听他们的话。”

“宇宙之王，”正义说，“你知道那些坏人不会改变，可是那些正直的人知道这一点吗？”

由于正直的人没有反抗，上帝改变了主意，没有把他们和邪恶的人分开。

这是上帝对于一个放弃自己责任的人的处置。

放弃自己的责任是上帝不宽恕的事情，所以犹太人在现实的生活中，从不逃避自己的责任。为了负起自己的责任他们甚至可以倾家荡产，可以去牺牲性命。正是因为犹太人在任何时候不会放弃自己的责任，所以他们在别人心中讲究诚信，在商场注重契约。

在犹太人眼中，人永远无法逃避责任。自瞒自欺容易，但却无法逃离世人锐利的眼睛。因此，自己的责任一定要自己负。

有一个犹太商人，接到美国芝加哥某公司3万个刀叉餐具的订货单，双方商定的交货日期是9月1日。犹太商人必须在8月1日从本港运出货物，才能在9月1日如期交货。

但是，由于一些意外事故，犹太商人没能在8月1日赶制出3万个刀叉餐具。这位犹太商人陷入了困境，但他丝毫没有想到要给对方写封情真意切的信，要求延期交货并表示歉意，因为这本身就是违背契约，不符合犹太商法，并且也是逃避责任的做法。结果，这位犹太商人后来花巨资租用飞机送货，3万个刀叉如期交货了，这位犹太商人损失了1万美元。

不逃避自己的责任，自己的责任自己负，这是犹太人处世为人的一个原则。也正是他们这样做了，才在世界赢得了良好的声誉。

17. 做自己的主人，决不做情绪的奴隶

犹太人，大多非常博学，知识领域非常广，堪称“杂学博士”。因

此，犹太人在用餐时，谈话的内容非常丰富，从家常谈话，到娱乐、艺术、各地名胜古迹、动物、植物等天下大小奇闻趣事都纳入话题之列。但是会影响到用餐时愉快气氛的话题绝对不谈，例如有关政治及战争、宗教迫害的话题绝口不谈，因为这些话题往往会勾起犹太民族被迫害的痛苦回忆，而且又往往因为各人的看法不一致，引起争论，如此便破坏了融洽的用餐气氛，另外猥亵的话题也是避而不谈的，这些都是为了在用餐时可以充分享受人生的乐趣。

人的情绪都有一个周期，时好时坏，或是伤心——在失去友情、爱人或是自尊心的时候；或是焦虑——在恐怕受到伤害或是遭遇挫折的时候；或是愤怒——被人误解，被人得罪触怒，被人背叛的时候；或是内疚——对自己失望，害怕别人对自己失望，觉得自己无能的时候，等等。特别是人在盛怒之下，往往会失去理智，容易伤害他人，同时也伤害了自己。

做自己的主人，不要做自己情绪的奴隶。

学会控制自己的情绪，是与他人友好相处，保持自己的理智，从而使自己获得成功，享受快乐生活的要诀。

能够控制自己情绪的人，是人格完善的一个标志。能够从精神上驾驭自己的人，才能获得精神上的真正自由。

回顾自己的经历，或者是观察他人的行为，你会发现，没有任何东西比我们的情绪，即我们心理上的感受，更能影响我们的生活了。

动不动就暴跳如雷，表面上看似乎你颇具有权威，其实并得不到别人对你的尊重，结果只能使别人憎恶你或者害怕你。

你可以采取一种延迟反应的方法来控制自己的情绪。你突然遇到了一个不能容忍的事件，你感觉到将无法克制自己，怒火像海潮般涌来，正常的心境将遭受无可挽回的破坏，你就要爆发了！这时你不妨试着在心里默默地数数，从1数到12，然后再决定采取什么行动。这时，你会发现，你的怒气已经大大缓解，你能够控制住自己，恢复了理智，这时你可以考虑采取什么行动了。

当你觉得自己就要被恶劣糟糕的情绪所控制的时候，就念一遍先辈传下来的那句话：

弱者被情绪控制行为，

强者让行为控制情绪。

自负时，想想自己曾经是多么幼稚；

成功时，想想自己潜在的危机和面对的竞争对手；

志得意满，众人争捧，沾沾自喜时，想想自己那些失意孤寂的日子；

觉得自己无所不能时，那就试一试能否让自己变回少年；

想放纵自己的欲望时，想想自己的责任……

如果你连自己的情绪都控制不了，如果你成为自己恶劣情绪的俘虏，你又怎么能够控制即将开始的谈判局面？又怎么能够树立自己的权威，率领大家去实现你的计划？又怎么能够赢得合作伙伴的信任，死心塌地地和你一起去承担投资的风险？

做自己的主人，还要战胜各种诱惑。

在当今这个商业社会中，每个人每天都会遇到各种各样的诱惑，比如美酒佳肴，比如金钱美女，比如歌舞厅夜总会，比如精彩的电视节目，比如麻将、扑克、钓鱼、溜冰、电子游戏、网上聊天……

现实生活就是由这无数个考验组成的，它们有的企图腐蚀消磨我们的意志，有的是想侵占我们的时间，有的是希望我们养成不良的习惯。

这些诱惑是性格的试金石。

有一个孩子问他的父亲："爸爸，我长多大才能过上随心所欲的日子？"父亲严肃地告诉孩子："你永远也长不到随心所欲的年龄，因为这世界上原本就没有这样的事。"

古希腊有个神话，说在很久以前，世界本是安宁美好的乐园，有一天，天神交给潘多拉一个精美的盒子，叮嘱说："你千万不要打开它！"潘多拉特别想知道盒子里面装了些什么，但是想到天神的嘱咐，她忍耐着，最后，她实在忍不住诱惑，把盒子打开了，结果，盒子里面装着的战争、瘟疫、罪恶……都飞了出来，安宁美好的乐园就此永远失去了。

我们每个人的心中也都有一个“潘多拉的盒子”，我们可以让生活健康美好，也可以让它变得丑恶，其中的关键就是看我们自己能否战胜自己，打败诱惑。

一个人能够战胜自己，才能成为自己真正的主人。

控制了你自己的情绪，打败了各种诱惑，你就把握住了自己的命运，你就真正成了自己的主人。这时，你会看见，成功就在你的面前。

18. 只有有节制的生活，才是真正的快乐

“只有有节制的生活，才是真正的快乐”，犹太人的这种观念，使得他们把对享乐的态度，看作一种衡量人的重要的尺度。

《犹太法典》上写着：“有4种尺度可以用来测量人，那便是金钱、醇酒、女人以及对于时间的态度，这4种尺度标准有其共同之处——它们都有吸引人的地方，但是却不可以沉迷于其中。”

犹太人这种处事有度的态度，表现在他们对待金钱的态度上，就显得有些过分的节俭，甚至有些吝啬。

犹太人出门买东西，不管花费多少，不管东西便宜或是贵，都一定要有账单。所以许多犹太人到一些地方，看到一般餐厅中只报账而没有账单的情况，就会觉得有些不可思议。

许多民族对待金钱的态度要比犹太人马虎得多。据说有一位希腊人经常光顾某家餐厅，每次吃大致相同的饭菜，但每次结账，价钱都互不相同，但相差不多。他的犹太朋友听到这件事，十分惊讶，要追究所以然。希腊人说：“这么一点小钱，何必认真？”犹太人一边摇头，一边口呼上

帝，仿佛犯了什么大罪过。

犹太人很吝啬吗？其实并不是如此，他们只是不付没有道理的钱。

大多数犹太人不喜欢一些东方民族广泛赠送礼物的习惯，原因也即在此。

有一位犹太人在逛一家日本百货公司的时候，偶然和经理攀谈起来，那位日本经理很认真地问："情人节、圣诞节、父亲节、母亲节等，我们都沿用了西方的习俗，可是还嫌不够，请问在你们的风俗之中还有没有可以送礼物的节日呢？如果有的话，请你赶快告诉我，因为我们日本人是很喜欢送礼的。"

这种说法在犹太人中成了笑谈。

犹太人虽然也会在某些值得庆祝的日子里交换礼物，但只限于同自己有血缘关系的亲戚，所送的东西也是很便宜的礼物。礼轻情义重，收到礼物的人也都很高兴。这是犹太人送礼的法则和智慧。

因为犹太人在金钱方面的这种"节制"，在世界各地都流传着有关吝啬的犹太人的故事。在莎士比亚的戏剧《威尼斯商人》中，犹太商人夏洛克贪婪、吝啬和狡诈，显然这也是受欧洲社会长期歧视犹太人的偏见的影响。

事实上，比较恰当的说法是："犹太人爱惜金钱"，但是，他们整个民族并不是都吝啬得像铁公鸡。犹太人讲究的是节制的生活。

19. 爱护世上的每一个人，哪怕是你的敌人

为什么神在开始的时候，不一下子就造出许多人，却只造出一个人来，让全人类自一个人而繁衍成许多人呢？

拉比们对这个问题所给出的答案是："这是神为了告诉我们，谁夺取了一个人的生命，就等于杀害全人类。"相对地，如果谁能救一个人的生命，那么他就等于拯救了全世界人的生命；同样地，爱上一个人时，也就等于爱上整个世界的人。

因为人类都是一个祖先繁衍下来的，所以同源同根。因此犹太人认为人要去爱整个人类。

《犹太法典》中的解释是：

"神在开始时，为什么仅仅创造一个人呢？这是为了防止任何人说他自己的血统优于别人的血统。因为如果当初只造出一个人，那么溯源而上，每个人都会发觉大家都是来自同一个祖先，所以，也就不会有这一个民族比那一个民族更优越的说法了，因为实际上，大家都是从同一个亚当繁衍下来的。"

其中，亚当的头，是出自乐园的泥土；他的身体，是来自巴比伦的泥土；至于他的双腿，则是网罗了全世界的泥土所造成的。

早在希腊时代，犹太人就用希腊语，对"亚当"作了以下的说明——"亚当"这一个名词，是由四个希腊字母A、D、A、M所拼成的，第一个A字，代表希腊语的"亚那多雷"（东），第二个D字，代表希腊语的"第希斯"（西），第三个A字，代表希腊语的"阿尔克都斯"（北），最后一个M字，代表希腊语的"美森布里亚"（南），所以，"亚当"这个名词，是集合东、西、北、南每个字的头一个字母汇集而成的。

总之，"亚当"这两个字，在犹太人心中，就是一件事实，那就是人的存在是世界性的，即四海之内皆兄弟。

因为有这样一个大人类的观念，在历史的长河中，尽管犹太人受尽迫害，历尽坎坷，人生几乎就是奔波亡命，但是，一旦犹太人有能力主宰异族命运的时候，他们却并不会像当年遭受迫害追杀那样迫害侮辱其他民族。相反，他们能够以平常的心对待其他人，甚至用爱心去帮助他们。

为此，犹太人有句名言说："谁是最强大的人？化敌为友的人。"

犹太人认为，谅解和接受曾经伤害过你的人，才是最好的待人之道，这样就能得到希望中的回报。为此犹太拉比高度赞美那些“受到侮辱却不侮辱别人，听到诽谤却不反击”的人。

在犹太人的《圣经》中有一则约瑟夫接纳他的哥哥的故事。

约瑟夫是雅各的第11子，遭兄长忌妒，在年少时他被卖往埃及为奴，后做了宰相。

有一年因为饥荒，他的哥哥们到埃及来寻求食物，约瑟夫见到了兄长们。

当约瑟夫发现自己的哥哥们时，在众多仆人面前终于控制不住自己，他大声叫起来：“所有的人都走吧！”

众仆人都离开了，这时约瑟夫对哥哥们说：“我是约瑟夫，父亲还好吗？”

可是，他的哥哥们无法回答，一个个都目瞪口呆了。

接着，约瑟夫又对哥哥们说：“走近些。”

当他们走近后，他说：“我是你们的兄弟约瑟夫，你们曾经把我卖到埃及。”

兄长们还是不敢相信。但是，当他们明白一切都是真的时，他们看着眼前的弟弟如此威风，如此荣耀，更是吓得说不出话来了。

但是，这时他们听到约瑟夫说：“现在，你们不要因为把我卖到这里而感到难过，或谴责自己，那是上帝为了救我的命把我早些送来的。老家发生饥荒已经两年了，接下来还有5年时间所有的土地将颗粒无收。上帝把我早些送来，是为了让你们继续存活，以特殊的方式搭救你们的性命。所以是上帝而不是你们把我送到这儿来的，他使我成为了法老的父亲，所有财产的主人，整个埃及的统治者。”

在约瑟夫的话中，他把自己的少年的苦难看成是上帝救自己的命的行为，其实是一种宽以待人、化敌为友的处世为人之道。

对整个人类充满爱心而去真诚爱护每一个人，这就是千百年来犹太人杰出的处世智慧。

千百年来，犹太人备受迫害和欺辱，但是他们能够从硬币的另一面看待福祸的关系，一切的错是明天的好，一切的好是因为曾经的错。所以犹太人对待敌人能用爱心去宽恕，对待朋友能用真诚去回报。

这是犹太民族的伟大和高尚之处。

20. 谈判时，勿积怨宿仇

犹太人一坐到谈判桌上，总是摆出一副笑脸。无论是风和日丽的晴天，还是电闪雷鸣的雨天都是如此。早晨见到你，总是Good morning!（早安！）

可是，当进入谈判，进展却相当慢。

犹太人对金钱得失，细心得让人厌烦。无论金钱的一分一厘，还是合同上的每一个细小的局部，他们都要与你争个面红耳赤，偶尔达到唾沫横飞的地步。

犹太人绝不理会日本人的“马虎主义”。意见有分歧，那就非得弄个水落石出不可，看究竟孰是孰非。由激烈的争论上升到互相谩骂的情形，也是屡见不鲜的。绝没有一天之内顺顺当当就谈成的买卖，一般来说，第一天都是以吵架而告终。

遇到这种情形，多数日本人都会放弃谈判，要不就是吵完后，非经过一个相当长的冷战时间，是不会给对方好脸色的。

可是，犹太人呢，他跟你吵过架的第二天，仿佛就没有过这回事一样，仍然摆出一副坦诚的姿态，仍然微笑着问候你：Good morning！而他们的对手们呢，则因为还没有完全抑制住昨日的激动，不是茫然失措，便是困惑不解，心里老是犯别扭：

“什么早上好不早上好，昨天的事你都忘记了？真没劲！”

这样强忍住心中的不快，努力装出一副平静的姿态，不情愿地把手伸给对方，而心中七上八下，委实难以冷静。

如此这般，大概已经八成中了犹太人的圈套。他们仿佛早已看穿了对手的不安，从而掌握主动权，向对手发动进攻。只得匆忙应战，待平静下来，已经接受了犹太人所期待的条件。

毫无疑问，犹太民族像大多数民族一样，愿意有归化他们的人。《塔木德》上就写有：神喜欢犹太化的非犹太人。

有个国王有一大群羊，他雇了一个牧羊人，每天出外放牧。

有一天，牧羊人发现一头似羊非羊的动物，混在了羊群里，他便来向国王请示说：“有一只从未见过的动物混进了羊群，如何处理比较好？”

国王说：“你要特别照顾好那个动物。”

牧羊人一听，十分不解地看着国王。

国王告诉他：“这些羊一向是我们一手养大的，所以没有什么好担忧，但这个动物在完全不同的环境中长大，却能和我的羊群一起行动，这不是令人高兴的吗？”

一个犹太人从出生之日起就在犹太人的传统文化下培育，而没有经历犹太传统文化培育的人，能够理解犹太文化，且因而犹太化，这比真正的犹太人更应受到尊敬。

在《塔木德》上写着：世界上的人们，不管具有什么样的信仰，反正好人都会得救，无须特别努力犹太化。

犹太人的比喻大多是很恰当的，这里也不例外。犹太人的这种情感也是完全可以理解的。而妙就妙在最后的那句话：好人总会得救，无须特别努力犹太化。其神态俨然学校招生办公室在人满为患时对热心的申请者的那种“极为理智”的态度：“你们愿意进来学习当然欢迎，但其实自学也能成才。”

所以，在塔木德时代，犹太人常和非犹太人一块儿工作，一块儿生活。犹太人遵守自己的613条戒律，但无意把它们强加给非犹太人，使他们成为犹太人。拉比们并不向非犹太人传教。但根据《塔木德》的规定，为了保证彼此和平共处，对非犹太人有7项约束：

（1）不吃刚杀死的动物的生肉。

（2）不可大声斥责别人。

（3）不可偷窃。

（4）要守法。

（5）勿杀人。

（6）不可近亲通奸。

（7）不可有乱伦的关系。

非常明显，这7条约束并没有多少"犹太味"，基本上属于各个民族共同遵守的道德、习俗或法规。尽管第一条让"茹毛饮血"的野蛮人有点为难；第二条有点小题大做，不过适用于民族关系时则另当别论；而第四条又会让有些习惯于无法无天的统治者恼火："我大，还是法大？"但在绝大多数情况下，所有这些约束是可以指望得到人们共同遵守的。

要求自己适用613条律法，对别人只要求适用7条！也许对一切人、一切民族来说，相处中真正重要的只是一条：

相互尊重，彼此宽容。

第八章
倾听比说话重要

1. 长舌多嘴遭人厌

有一个犹太女人很喜欢东家长、西家短地道别人是非。

多嘴本来是女人的天性，但是她却太过火了，以致连平常饶舌的三姑六婆们都无法忍受，终于有一天大家一起到拉比那里去控诉她的行为。

拉比仔细倾听每一个女人的控诉之后，便要这些女人们先回去。然后拉比差人去找那个多嘴的女人来。

“你为什么无中生有，对邻居太太们品头论足？”

多嘴的女人笑着回答说：“我并没有杜撰什么故事啊！也许我有一点夸张事实的习惯，不过我说的不是很接近事实吗？我只是把事实稍微修饰一下，使它更有声有色而已。但是或许我真的太多嘴了，连我丈夫都这么说呢！”

“你已经承认你的话太多了，好吧！让我们来想一想，有没有什么好的治疗方法？”

拉比想了一会儿之后，走出房间，然后拿回一个大袋子，他对女人说：

“你把这个袋子拿去，到了广场之后，你就打开袋子，一面把袋子里的东西摆在路边，一面走回家。但是，回到家之后，你便要掉过头来，把东西收齐以后，再回到广场上去。”

女人接过这个袋子，觉得很轻，她很纳闷，非常想知道里面装的是什么东西，于是加快脚步走到广场去，到了广场之后，她迫不及待地打开一看，里面装的竟然是一大堆羽毛。

那是一个万里无云的晴朗秋天，微风轻吹，令人觉得非常舒服。女人照着拉比的吩咐，一面走，一面把羽毛摆在路边，当她走进家门时，袋子刚好空了。然后她又提着袋子，一边捡，一边回广场。

可是，凉爽的秋风却吹散了羽毛，以致所剩寥寥无几。女人只好回到拉比那里，她向拉比说，一切都照拉比的吩咐去做了，但是，却只能收回几根羽毛。

“我想也是的。”拉比说，“所有的马路新闻，都像是大袋子里的羽毛一样，一旦从嘴里溜出去，就永无收回的希望。”

于是，拉比的机智矫正了这个女人的坏习惯。

犹太人认为，长舌远比三只手更令人头痛，假话传久就会变成恶言，谣言足以隔离亲近的朋友。因此，不要用嘴巴去发现看不见的东西。

同时，拉比们还告诫人们说：“遇到鬼的时候，你一定会拔腿就跑；同样地，遇到马路消息时，你也要快速地逃。”

犹太人认为，当所有人都不再在背后道人长短时，一切纠纷的火焰就会熄灭。因此，犹太民族很讨厌多嘴多舌的长舌妇，他们对谣言更是深恶痛绝。

2. 少说多听好处多多

犹太人非常强调说话时自我控制的重要性。他们认为话一旦说出口，就像射出的箭，再也不能收回了。

拉比西蒙・本・噶玛尔对他的仆人塔拜说：

“到市场去给我买些好东西。”

仆人去了，带回来一个舌头。

他对仆人说：“再到市场去给我买些不好的东西。”

仆人去了，又带回来一个舌头。

拉比对他说："为什么我说'好东西'你带回来一个舌头；我说'不好的东西'，你还是带回来一个舌头？"

仆人回答说："舌头是善恶之源。当它好的时候，没有比它再好的了；当它坏的时候，没有比它更坏的了。"

基于此，《犹太法典》告诫人们说：

"神为什么给人两个耳朵，却只给人一个嘴巴呢？这是因为神要告诫我们：听的分量要有说的两倍，因此才这么做的。"

犹太人认为，愚者常常暴露出自己的愚昧，贤者却总是隐藏自己的知性。基于这样，犹太人坚信着"假如你想活得更幸福、更快乐的话，就应该从鼻子里充分吸进新鲜空气，而始终关闭你的嘴巴"。

因此，犹太人在自己的周围，总是尊敬那些懂得听话艺术的人，而讨厌那些只是喋喋不休地说个不停的人。

犹太人相信善于听话的人，易表露知性；而喜欢表现自我、喋喋不休的人，通常都是些傻瓜。所以犹太人有一句俗话说："当傻瓜高声大笑时，聪明人只会微微一笑。"

犹太人还认为，把沉默教给自己的舌头，这在人生中有很大的好处。为此，《犹太法典》告诫犹太人要"如同对待珍宝一样，慎重地使用自己的舌头"。

犹太人认为舌头可比刀剑，必须小心使用，否则不但会伤害别人，还会伤到自己。因此，犹太人学着古时的剑圣——除了真正需要外，绝对不拔剑伤人。

"沉默是金，雄辩是银"，犹太人常把沉默当作知性所披挂的黄金盔甲。

犹太人认为，话不可以随便乱说，应该一字一句地斟酌才对。为此犹太人常常用药来比喻言语，即适量的言语可以一针见血，但是用量过多就会愈描愈黑，反而有害。

因此，犹太人是世界上较其他民族比较注重节舌少嘴的民族。他们还有一些警世良言：

“舌头表面没有骨头，所以应该特别小心。”

“应该由心来操纵舌头；而不应该由舌头来操纵心。”

3. 祸从口出，不随便乱说

在社交场合或谈判桌前，许多人随机应变，风度翩翩。一旦揭开了这个秘密，就会发现，任何人都不是天才，知识来自学习，关键是充分做好谈判前的准备工作，以行动实现目标为主，以少说而精为辅。

福特总统访问日本的时候，曾随意地向导游小姐询问大政奉还是哪一年？导游小姐一时答不上来，随行的基辛格却立即从旁边插嘴：“1967年。”他怎么能够对一般日本人都不清楚的日本历史这么熟悉？原因非常简单，作为犹太人后裔的基辛格深知事前准备的重要性，所以在访日以前早阅读过有关日本的大量资料。这种认真严谨的态度对我们当今的生意人不无教益。

犹太人认为，说话是没有硝烟的战争，三言两语说得好能赢得人心，口若悬河说不好也会招来杀身之祸，所谓“祸从口出”，就是这个道理。因为犹太人在说话时特别小心谨慎，也不随便乱说，并尽可能地做好大量的准备工作，所以犹太人在谈判时幽默风趣，从容不迫、应对自若，能随心所欲地控制谈判气氛。

这种充分做好谈判前的准备工作的方式，不仅在商界，而且在外交界也得到了普遍的重视，巧舌能敌百万兵，殊不知其背后倾注了多少心血。我国已故总理周恩来是外交专家、谈判专家，但每一次哪怕是很小的谈判，他都要事先做大量的准备，足见事前准备的重要性，万万大意不得。

你和犹太人熟识以后，交谈越多，你就越会觉得犹太人学识渊博，简直跟博士一般。

他们的话题涉及政治、经济、历史、体育、娱乐、军事、时事，古今中外，仿佛没有他们不知之事，没有他们不通晓的道理，但是他们所说的话绝对没有多余的。

广博的知识对犹太人而言，不光是用来作为谈话的资料和改变谈话的气氛，更重要的是，知识可以开阔他们的视野，可以帮助他们从更多的角度看待事物，以便选择最佳解决问题的途径。实质上就是利于他们决策和判断。

犹太人做事，不存在含混不清的东西，更不存在错误的记忆。这些当然都得益于他们博闻强记，多做少说的处世习惯。

4. 了解情报就可以少动嘴皮

基辛格当年只是哈佛大学的教授和内阁顾问。基辛格的目标是要进入政界，而顾问显然不能满足他的愿望。顾上了问顾不上了不问的闲职，只是个空名而已。

基辛格寻找的机会终于来临了。

新一轮的总统竞选即将开始，而当时美国正陷在越战的泥沼之中。为了摆脱困境，美国政府已与越南在巴黎进行秘密和谈，而谈判的内容是高度机密的，但和谈对下届总统竞选至关重要。许多人都想知道其中秘密，而总统竞选者尼克松对此更是望眼欲穿。

基辛格猜准了尼克松的心意，想到自己有位朋友可以获得和谈的内幕消息，他借此便与尼克松进行了秘密接触。

情报自然弄到手了。

第一报，巴黎刚发生重大事件，基辛格劝尼克松不要对大众发表关于越战的新策略。

第二报，现总统可能短期内下令停止轰炸北越。

第三报，巴黎方面已协议停止轰炸北越。

凭着这些准确情报，尼克松大选前几日所发表的谈话没有犯下任何错误。基辛格提供情报的内容和时机，均使尼克松获得极佳的群众反应和喝彩。

尼克松竞选成功，当选总统，自然对这位犹太人信任有加。考虑到基辛格能力极强而又是亲信，便对他委以国务卿的重任。

基辛格如愿以偿。

基辛格几乎没有用多少嘴皮就成功了，而他实际上是以情报作为条件和尼克松谈判的。

5. 言谈要与细节和仪表配合

犹太教里有这样的教诲：人在自己的故乡所受的待遇视风度而定，在别的城市则视服饰而定。

这是说，一个人的名声在故乡并不受衣着的影响，因为人们了解他的言行。但一个人如果到了他乡，人们要评价他就得看他的外貌特征、衣饰装束和言谈举止了。

正式谈判时，因为场合比较庄重，穿着也要有所讲究。衣服要干净合适，符合礼仪。尽量避免穿奇装异服，不要给对方造成花里胡哨、不够持重的感觉。

目前商界谈判很注意对手的穿着打扮，看对方穿的是什么牌西服、什么牌衬衣、什么牌皮鞋，系什么领带、什么皮带，戴的是不是宝石戒指、是不是白金手表，以此来判断对方的财力。如果你穿得很寒酸，人家就对你失去了信心，谈都不要谈就打道回府了。

所以，过于低档的衣服，最好不要穿上谈判桌，过于华贵的衣服也轻易不要穿上谈判桌。不要过于虚浮和炫耀，要造成稳重的含而不露的效果。当然，也有人充分利用这一点，把自己收拾打扮得非常有派头，口袋里却空空如也，然后以表面现象来骗人钱财。这些人只能骗小钱，真的大钱光凭穿得好是骗不去的。

除衣着之外，谈判的时间、地点、出席人员等细节问题也不可忽视。细小的地方，有时候也会影响谈判的结果。

重大谈判当然在办公室或者会议室谈判为好，以示重视。一般谈判在餐桌上谈气氛可能更随便更热烈些。谈判时总经理或者董事长出席与不出席效果也完全不同，这些都要视具体情况而定。

在谈判过程中，言谈举止一定要文明，要显得很有修养，说话要机智幽默，粗话脏话千万不可冒出口，剔牙、抓痒、上厕所等事都要格外小心，千万不要有什么笑柄留给对方。

第九章

保持与其他人不同的立场

1. 个性有助于发展

犹太人的眼睛只看重个人的力量，而对再显赫的门面也漠然无视，他们认为，个人的立场比家庭的立场重要。

在犹太社会中，家的存在具有很大的意义，它的价值因学问、慈善行为及对于地域社会的贡献大小而有所不同。其中最重要的是学问。金钱和事业上的成功，对于家庭的荣誉并不是很重要的因素。

正是基于此点，犹太人中才涌现出了那么多居于世界一流地位的大学问家。他们是马克思、爱因斯坦、弗洛伊德、欧本海默……

学问的成就只取决于个人，而不取决于家族的贫富。

每一个人都有自己的特色，都与众不同。若以同一件事去考验两个人，所做的事的结果必然不同。

否定个性的社会难以进步。自己扼杀自己个性的人也不会有进步。每个人都是尊贵的。神说神是照着自己造人的，造型各异，人形与神也就各异。倘若一个人只知道模仿大众，那就是忘了神赋予他的神圣使命——创造自己。

世界和艺术一样，是由每一个个人创造的。

每个人的命运就掌握在自己手心。

2. 跟其他民族不同的观念：爱情命短，婚姻命长

《犹太法典》上说：

“人不能隐藏三种东西，咳嗽，贫穷和恋情。”又说：

“即使因热恋而结婚，这种热情也不会像婚姻维持得那么久。”

犹太人是彻头彻尾的“冷血动物”，很能够用冷静的眼光来注视男女关系，但他们也不否定恋爱，因为人不可能不恋爱。

犹太人认为，恋情愈炽烈，恋爱的生命愈短暂。因为过度的热情是无法持久的，就像大海的潮汐一样，涨一涨就要落一落。

《犹太法典》上有许多至理名言：

“恋爱是果酱，但是必须蘸在所谓‘人生’的面包上吃，否则人绝对不能活下去。”

“恋爱使得精神发狂。”

“轻率的恋爱常导致不幸的后果。”

“一个礼拜能结束蜜月旅行，但是绝不能在一个礼拜内结束一生。”

爱情是浪漫的，婚姻是现实的。

男子钟情，少女怀春，这是人生青春期间必须经历的。青春的热情燃烧着男女的心灵，使得他们朝思暮想，恨不得分分秒秒待在一起。待在一起时又幸福得忘记了世界的存在，仿佛天地间只有他们两个人。

热恋的结果使得他们结合在一起，数月之后，热情便开始消退；现实生活便毫不阻挡地进入他们的天地。挣钱，生育儿女，养家糊口，操劳每日干不完的家务。浪漫的拥抱接吻和郊游变成了非常琐碎的干不完的事情。这些琐碎的事情一点点啃噬着他们的热情。

这时候，只有婚姻的责任心维持着他们的固定关系，不管生活的变故多么大，责任心都督促他们为这个家庭挑起重担。如果光靠热情和恋爱，要承担巨大的苦难是不大可能的。只有爱和责任两者的结合，才能背负起生活的苦难。婚姻的责任是因爱而生的，所以能够长久。

3. 尊重女性胜过任何民族

犹太民族的历史也是父系社会的历史。但犹太人对女性相当尊重，而且胜过任何其他民族。犹太谚语中说：

“神不能处处都在，所以创造了温柔。”

犹太社会中，男人必须娶妻，否则便是没有完全独立的人。最理想的男人，必须同时具备男人的力量和女人的温柔。《犹太法典》教导人们说：

“像爱你自己一样爱你的妻子，好好保护她，不要让她哭泣，因为神将一滴一滴地计算着她的眼泪。”

安息日晚上，全家人围坐在桌旁，丈夫要唱一首赞美诗给妻子：

“你披着力量和温柔，你一张口，就会说出有智慧的话。愿神祝福你，并保护你的孩子。”唱完，妻子便点燃蜡烛。

《犹太法典》说：

“假如有男女两个孤儿，你应该先救那个女孩，因为男孩可以去做乞丐，但是我们却不能准许女孩子如此。”

在犹太社会中，殴打妻子是可耻的行为。

《圣经》记载：神使亚当沉睡，并取走了他的一条肋骨，造成一个女人夏娃；女人是男人的骨中骨、肉中肉。因此，人要离开父母，与妻子合二为一，结合一体。恋爱中，男人追求女人，是因为男人一心想取回自己失去的那根肋骨，而女人也渴望回到她所诞生的地方去，这两种神奇力量相互吸引，便有了男女的结合。

女人不必违反自己的本意，而受男人意志的强制。在犹太人中，女人没有欲望时，丈夫若强行施暴，便要判强奸罪。犹太社会中，离婚率非常低，因为犹太男人都知道爱护自己的女人，而且同房时，要多为妻子着想，不可以自顾自地首先达到高潮。

公元1475年，罗马的犹太社会里，就有专门为女性而设立的学校，让女孩们在此研读《犹太法典》和《犹太教规》。与旧时代其他民族相比，犹太女性的受教育程度明显地要高出许多。

犹太人认为，女性应该帮助成就丈夫的学业和事业，更应为育儿及家事而贡献力量。

《犹太法典》上说：神没有用男人的头造女人，因为女人是不可以支配男人的。同时，神也没用男人的脚来造女人，这是因为不可以让女人成为男人的奴隶之故。独用男人的肋骨来造女人，就是希望女人经常能在男人的心中。

4. 看待问题的不同角度

有一对夫妇之间发生纠纷，来找拉比调解和评理。

经验告诉拉比，调解夫妻纠纷千万不可面对面，那样的话，双方会唇枪舌剑，针锋相对，各自数落对方并互相指责。如果出现这种场面，和解是不可能的了。所以调解的过程应该分开来进行。

单独交谈时你会发现，其实他们彼此深深相爱，时时关怀着对方，处处为对方着想，只是一时因鸡毛蒜皮的事而发生口角甚至斗殴，谁也不肯让谁一步。

只要你耐心地听他们诉苦，对他们表示同情，结果他们的矛盾纠纷便会顺利化解。

拉比先听丈夫诉说，并对他所说一切都表示赞同，认为他的看法和主张都正确无误。然后再听妻子的陈述，表示同情，听她说委屈，对她的处境表示理解。

结果两个人都把内心的委屈释放完了，回家去就重归于好了。两个人都没有错，两个人都是对的，这就是常人的心理，你满足了他的心理，他的气也就消了。

任何一个问题都不是孤立而单纯的，它有许多不同的层面。当人们所处的立场不同时，所持的看法就不同，所以不必简单而草率地推断谁对谁错，这样只能增加两个人的摩擦和激化矛盾，纠纷的调解无疑会彻底地失败。

遇到这种情况，先听他们诉苦，并设法让他们的情绪安静下来，让他们恢复头脑的冷静。承认他们的看法，是让他们冷静的必备条件。他们冷静了，自己也会反思和检讨自己的不对之处。这时候，耐心的劝说便可使他们和解。

这实际上是以退为进的好方法。

这些问题直接解决不了，但可以曲线救国。

5. 与法律不同的立场——利用法律巧钻空子

从逻辑上说，尊重法律就应当尊重法律规定的一切，从内容到手段到程序，漏洞也不能例外。

对于把研究律法看作人生义务或祖传手艺（这两种态度分别指向犹太人自己的律法和其他民族的法律）的犹太人来讲，任何一种法律都有漏洞（否则《塔木德》中也不会有这么多“议而不决”的案例）。

从犹太人已养成的习惯来看，与其破网而出，不如堂而皇之地钻漏洞更为自然，神不知鬼不觉，既不引人注目，也不会于心不安，还可以让漏洞长存，以便后人进出。

第二次世界大战期间，波兰落入了希特勒的魔掌，边上的小国立陶宛也处在了威胁之下，许多犹太人纷纷逃离立陶宛，经日本迁往他国。

有一天，日本政府机关的函电检察官把日本犹太人委员会的莱奥·阿南找了去，要他把一份发往立陶宛科夫诺的电文翻译出来，并解释一下。

电文中有这样一句话：SHISHO MISKADSHIM B' TALISEHAl.

阿南当时解释说，这份电报是卡利什拉比发给立陶宛的一个同事的，谈的是犹太教宗教礼仪上的几个问题，而那句话的意思就是“6个人可以披一块头巾进行祈祷”。

检察官听了这句解释，觉得没有什么不妥，就让发出去了。

阿南他自己也不知道，这句话是什么意思，为什么突兀地跑出一句“6个人可以披一块头巾进行祈祷”来。

后来，他终于找到了那位尊敬的卡利什拉比，向他问起这个问题。

“你难道不懂吗？6个人可以用一份证件上路。”

这一下阿南才恍然大悟，卡利什拉比刚刚离开欧洲来日本，他关心着立陶宛的犹太同胞。他知道，日本在科夫诺发出的过境签证，是以家庭为单位的。于是，他就向那里的犹太人建议，6个本来不属于一家的人可以一个家庭名义去申请签证，以便更多的犹太人可以借此离开立陶宛。

谁让日本人不对家庭作出一个精确的界定呢？当一个又一个犹太人的“6口之家”通过各种途径踏上日本列岛之时，他们只惊讶于犹太人在组织家庭规模上的高度同一性，不经拉比的开导，他们是绝对想不出犹太人的家庭人数竟然还是由日本出入境管理条例所决定的。

就这样，犹太人以他们灵活多变的守法智慧，应付着纷繁复杂的环境，尤其是他们这种守法而又是不死板的精明，使他们在世界的商海中随心所欲，游刃有余，创造了一个个令人瞠目结舌的经济奇迹。

记得前面我们说过犹太人罗恩斯坦巧打“国籍差”善于跨国经营的故事，这便是犹太人善于守法的例证。面对高额的所得税，一般人的思路或许是想办法偷税漏税，可犹太人不同，他们不会去干铤而走险的冒险事。他们想出了绝妙的“为自己减税”的办法，既然“列支敦士登”国籍的人只交小额的所得税，那就加入该国国籍，从而可大省一笔税款。退一步讲，如果入“列支敦士登”国籍不容易，那就让自己当一个“廉价”的董事长或总经理，至于因“廉价”而带来的收入损失完全可以通过别的方式来补偿。

洛克菲勒石油家族也有许多钻法律空子的故事，现举两例：

一是钻法律的空子抢铺油管。洛克菲勒想独占美国石油市场，泰特华德油管公司自然就成了他的眼中钉。尤其是泰特华德油管公司从石油产地铺了一条输油管直达安大略湖滨的威汤油库，这给洛克菲勒带来了很大威胁。不搞掉这条油管，他寝食不安。

洛克菲勒想铺设一条与之平行的油管，可是油管必须通过巴容县境，而巴容县是泰特华德公司的势力范围。而且泰特华德公司早就促使议会通过一个议案，声明除了已经铺设好的油管外，不许其他输油管路经该县县境。

这是一个不小的难题，洛克菲勒苦思了许久才得一妙计。

在一个没有月亮的夜晚，在巴容县的东北角突然来了一群大汉，他们手拿铁锨洋镐只顾挖土掘沟，很快掘出一条沟，接着又是马上把油管埋入沟内，并迅速填平。天还没亮，他们已经全部完工。

第二天，人们发现美孚石油公司已在巴容县安置了一条油管，县当局准备控告洛克菲勒。这一事件也惊动了报界，记者们纷纷采访，洛克菲勒召开了记者招待会，在会上他说：“县议会的议案规定，除了已经铺设好的油管外，不准其他油管过境，希望大家到现场参观一下，以判定美孚石油公司的油管是否铺好。”

县议会自知议案不严密，被钻了空子，无可奈何，官司不了了之。

二是美孚石油公司逃脱起诉的“假独立”。美国反托拉斯法通过以后，许多大企业被解散，洛克菲勒财团的美孚石油公司虽然也被起诉，但是由于公司的努力，案子未能成立。

美孚石油公司是全美数一数二的大企业，自然引起众人的注目。迫于舆论的压力，国会又叫嚷对美孚石油公司进行起诉。这一次，洛克菲勒也认为是在劫难逃了，整天闷闷不乐，无精打采。

这时，公司的法律顾问中有一个青年律师，想出了一个绝妙主意，他建议把各州的美孚石油公司宣布为独立的公司，如纽约美孚石油公司、新泽西美孚石油公司、加利福尼亚美孚石油公司……这些公司都各自有一名伪称独立的老板，但实际上还是由洛克菲勒操纵。

那位青年律师为了这件事，连续一周日夜工作，替各公司设立账目，供参议院审查。最后，参议院表示满意，不再提起诉此事。

犹太人如此守法，可真叫人拍案叫绝。现代律师行业中，犹太人大出风头，以美国为例，30%的律师都是犹太人出身。可以想见，正是他们这种运用法律、善于守法的民族智慧促成了他们的成功。

6. 倒用法律的反向思维

如果说善用法律，巧于守法是犹太人的专长的话，那么，“倒用”法律的智慧就是犹太人守法智慧的极致境界了，也是犹太人与其他人不同立场的表现。那种在不改变法律的形式的前提下，变法律为我所用的工具或

“盾牌”的犹太“用法”模式，值得每一个人学习。有一则笑话就蕴含着这种“用法”思路。

一个犹太人走进纽约的一家银行，来到贷款部，大模大样地坐了下来。

“请问先生有什么事情吗？”贷款部经理一边问，一边打量着来人的穿着：豪华的西服、高级皮鞋、昂贵的手表，还有领带夹子。

“我想借些钱。”

“好啊，你要借多少？”

“1美元。”

“只需要1美元？”

“不错，只借1美元，可以吗？”

“当然可以，只要有担保，再多点也无妨。”

“好吧，这些担保可以吗？”

犹太人说着，从豪华的皮包里取出一堆股票、国债等，放在经理的写字台上。

“总共50万美元，够了吧？”

“当然，当然！不过，你真的只要借1美元吗？”

“是的。”说着，犹太人接过了1美元。

“年息为6%，只要您出6%的利息，一年后归还，我们就可以把这些票据还给你。”

“谢谢。”

犹太人说完，准备离开银行。

一直在旁边冷眼观看的行长，怎么也弄不明白，拥有50万美元的人，怎么会来银行借1美元？他慌慌张张地追上前去，对犹太人说：

“啊，这位先生……”

“有什么事情吗？”

“我实在弄不清楚，你拥有50万美元，为什么只借1美元呢？要是你想借30、40万美元的话，我们也会很乐意的……”

“请不必为我操心，只是我来贵行之前，问过好几家金库，他们保险箱的租金都很昂贵，所以嘛，我就准备在贵行寄存这些股票，租金实在太便宜了，一年只需花6美分。”

贵重物品的寄存按常理应放在金库的保险箱里，对许多人来说，这是唯一的选择，但犹太商人没有囿于常情常理，而是另辟蹊径，找到把证券锁进银行保险箱的办法。从可靠、保险的角度来看，两者确实是没有多大区别的，除了收费不同。

这就是犹太商人在思维方式上用的所谓“反向思维”。

通常情况下，人们是为借款而抵押，总是希望以尽量少的抵押品争取尽可能多的借款。而银行为了保证贷款的安全或有利，从不肯让借款额接近抵押物实际价值，所以一般只有关于借款额上限的规定，其下限根本不用规定，因为这是借款者自己就会管好的问题。

然而，就是这个银行“委托”借款者自己管理的细节，激发了犹太商人的“反向思维”：犹太商人是为抵押而借款的，借款利息是他不得不付出的“保管费”，既然现在没有关于借款额下限的规定，犹太商人当然可以只借l美元，从而将“保管费”降低至“6美分”的水平。

这样一来，银行在1美元借款上几乎无利可图，而原先可由利息或罚没抵押物上获得的抵押物保管费也只区区6美分，纯粹成了为犹太商人义务服务，且责任重大。

这个故事本身当然是个笑话，但拥有50万美元资产的犹太商人在寄存保管费上精打细算的做法，绝不是笑话，而借“反向思维”倒用法律的这套思路，更不是笑话。20世纪70年代初，日本政府就尝到了上述银行行长的那个滋味，而且其味更不堪品尝。

“日本人蚀本”的故事我们前面已经较详细地介绍过，这里不再重复。实际上，这与上面那个笑话有相同的经营思路，那就是“倒用”法律，犹太人作为一个极为理性、务实的民族，其笑话中隐含的生意经的确高明。

7. 切忌轻信别人，要有自己的立场

生意场上最忌讳的就是轻信别人，而一定要有自己的立场。

中国有句俗语："不怕一万，就怕万一"，它提醒人们做事要小心谨慎，千万不要因为有多次经历后，就不再那么警惕了。在商业活动当中，商人之间都以利益维系，一旦不在意，就可能受骗上当。金钱的关系往往会把人的良知和道德扭曲，因此我们看到了那么多的商海骗术上演，一方可能由巨骗变成巨富，而另一方就可能倾家荡产，呼告无门。

在犹太人的生意经中有条叫作"每一次都是初交"，讲的就是"切忌轻信"，意思是要把每一次生意都看作与对方第一次打交道，不要因为对方先前与你有来往就放松警惕，更不能被对方表现的真诚所迷惑，一定要有自己的立场。

有一天，一位日本商人请一位犹太画家上银座的饭馆吃饭。宾主坐定之后，画家趁等菜之际，取出纸笔，给坐在边上谈笑风生的饭馆女主人画起速写来。

不一会儿，速写画好了。画家递给日本商人看，果然不错，画得形神皆备。日本人连声赞叹道："太棒了，太棒了！"

听到朋友的奉承，犹太画家便转过身来，面对着他，又在纸上勾画起来，还不时向他伸出左手，竖起大拇指。通常，画家在估计人的各部位比例时，都用这种简易方法。

日本商人一见画家的这副架势，知道这回是在给他画速写了。虽然因为面对面坐着，看不见他画得如何，但他还是一本正经地摆好了姿势，让

犹太人画。

日本人一动不动地坐着，眼看着画家一会儿在纸上勾画，一会儿又向他竖起拇指，足足坐了10分钟。

“好了，画完了。”画家停下笔来，说道。

听到这话，日本人松了一口气，迫不及待地欠身，一看，不禁大吃一惊，原来画家画的根本不是那位日本商人，而是他自己左手大拇指的速写。

日本商人连羞带恼地说：

“我特意摆好姿势，你……你却捉弄人。”

犹太画家却笑着对他说：“我听说你做生意很精明，所以才故意考察你一下。你不问别人画什么，就以为是在画自己，还摆好了姿势。单从这一点来看，你同犹太商人相比，还差得远啦。”

到这时，那位日本商人才如梦方醒，明白过来自己错在什么地方：看见画家第一次画了女主人，第二次又面对着自己，就以为一定是在画自己了。

正是基于对类似于这位日本商人所犯的错误，犹太商人的生意经上，赫然写着一条：“每次都是初交。”

哪怕同再熟的人做生意，犹太商人也绝不会因为上次的成功合作，而放松对这次生意的各项条件、要求的审视。他们习惯于把每次生意都看作一次独立的生意，把每次接触的商务伙伴都看作每一次合作的伙伴。这样做，起码有两大好处：

其一是不会像日本商人那样，因为自己对对方的了解而掉以轻心。相反，可以有足够的戒备防止对方可能的一切手脚。

其二是可以保证自己第一次辛辛苦苦争取得到的赢利，不至于在第二次生意中被顾念前情而作出的让步所断送。生意毕竟是生意，容不得“温情脉脉”，否则第一次就没有必要斤斤计较。

犹太商人深知，由于人的潜意识，先人之见的厉害之处在于会使人都想不到去纠正它。直到事情结果出来，大失所望甚至绝望之余，人们才察觉自己的疏忽。

以今日社会上发生的诸多合同诈骗案中，有多少“善良的人们”就是因为单凭一个熟人甚至仅仅一面之交的熟人的面子或者一次小小的“成功”而上了别人圈套的。

所以，“每次都是初交”实是犹太人在漫长的历史中由活生生的商业活动而得出的高级生意经，而其适用范围竟然已经到达潜意识层次。只有一个发明了精神分析学的商人民族，才会在这种极其细微、极不容易觉察的地方，有如此清晰的认识，并且驾轻就熟、游刃有余。

有意思的是，对自己犹太商人要求做到“每次都是初交”，不为别人策动；但对别人，犹太商人则毫不迟疑地利用对方对“第一次”的良好印象，来策动别人。

8. 为防受骗，花钱雇人监督也值得

犹太人办事特别认真，一丝不苟。他们不会轻易相信对方许下的诺言，对双方签订的合同，当然也是持不轻信的态度，而对自己的立场很相信。为了能使对方遵守并履行合同，他们设立监督制度，不惜重金聘请高手帮助他们督促对方，以保障他们的利益不受侵犯。

日本商人藤田先生曾经讲过一段这样的经历：

有一天，藤田先生在办公室正忙着处理商业函件的时候，突然有一位律师打电话找他：“藤田先生，我有事想向您请教，不知您现在有空吗？”当时他正忙得不可开交，处理商业函件是一件很重要的事情，所以藤田先生便一口回绝了。可是那位律师又请求道：“无论如何请您挤出一

点儿时间见我！”“对不起，我实在没有空！”“那这样好了，每谈一小时，我会奉上酬劳200美元，当然我要和您谈的是非常重要的事情。”藤田先生便不再拒绝而前去面谈。

那位律师是美国一家大公司的法律顾问，这家大公司的老板是一位犹太裔美籍人。这个老板想和日本东京的一家公司合作，但是，他又怕这家公司有违背合同的事发生，因此，律师特地找到藤田先生，想委托他推荐一位日本人为该公司监督日本公司，并预定月薪10000美元。这种职务非常轻松，待遇却如此丰厚，可见，他们对监督的重视程度。

律师说明来意，便把日本公司签订的合同给藤田先生看。藤田先生看完之后，发现那张用日文写的合同，存在许多问题，但对外国人来说是不容易看出来的。

要是那位美籍犹太人当时没有想到聘请对方国的监督人，他就不会发现合同有漏洞，有了这样的监督人，日本公司再想钻其漏洞占便宜就很困难。所以，监督人的设置是非常有必要的。

这个犹太人的谨慎之举，使他免受日本人之骗。在商场上，利益相关时通常只顾自己的利益。藤田先生之所以帮忙，是因为要博得犹太人的信任是很不容易的。既然犹太人信任他，他也应该帮忙，这是人之常情。

商人们在赚钱时，有时会不择手段，在合同上做些手脚是常见之事！特别是在与外商签订的合同中，他们会利用语言差异，来暗设“机关”，不懂内情的外商，最容易被蒙在鼓里。因此，设置监督人员是很关键的。有了他，便可以防止许多受外商“暗算”事件的发生，为公司挽回损失。所以说，即使重金聘请，也是值得的。

犹太人花钱找人替自己监督的做法，很值得我们学习，一来可以省掉自己亲自监督，那样既费精力而且还不一定有效；二来也免去了因自己不信任对方而造成的双方的不快，因为自己是在“幕后”。如此好事，何乐而不为？

9. 己所不欲，勿施于人

犹太文化与中国文化有一个地方非常相似，那就是两者都非常重视伦理，即人与人之间的健康而友善的关系。中国文化的伦理价值体系的主体是儒家学说，又称仁学；而犹太教也素称伦理——神教，用社会学的术语来说，也就是着眼于以神学的形式来协调人际关系。正由于这个原因，犹太智慧与中国智慧在处理人际关系的基本原则方面，达到了高度的共识。

中国的伟人孔子说过，仁就是“己欲立而立人，己欲达而达人”，“己所不欲，勿施于人”。同样，犹太历史上最著名的拉比之一，希雷尔拉比也曾对犹太文化的精髓作过如是的界定。

希雷尔拉比出身贫寒，靠自己的天赋和勤奋，掌握了渊博的知识，2000多年来，他的言论一直被人们广泛引用。据说，所谓耶稣基督的言论，有许多其实就是希雷尔拉比所说的要言。

希雷尔拉比当了犹太教首席拉比之后，一天来了一个非犹太人，他要希雷尔拉比在他“能以一只脚站立的时间里，把所有的犹太学问告诉他”。可是，他的脚还未提起来，希雷尔拉比已要言不烦地把全部犹太学问浓缩为一句话告诉了他：

“不要向别人要求自己也不愿意做的事情。”

当然，这里引的是译文，希雷尔拉比不会说中文，更不会使用孔子用的那种文言文。但要是我们真的想把这句话译成“要言不繁”的话，显然，最好、最方便的莫过于直接借用孔子的那句话：“己所不欲，勿施于人。”

两个古老民族的智者对各自文化作出了完全相同的界定，这并不奇怪。因为无论哪个民族，在人类生活的最本质特征上，都是同一的，民族文化的成熟、集体智慧的发达必然带来对其中真谛的同样的把握。

人类的生活都是社会生活，这意味着，人与人之间的最原始的关系，必定是一种互助互谅的关系，这种关系本身又必定建立在互相理解的基础之上。这种理解不管从理论上说可以有多少环节多少障碍，但在经验上，只要我们大家都是人，就可以从自身的趋利避害的原始要求上，找到理解他人的前提。“己所不欲，勿施于人”便是一条极便于掌握应用的互相理解、互相体谅、互相谦让的与人相处原则。

不过，这条原则毕竟还只是一条一般的原则，在面临具体问题时，如何恰如其分地掌握好分寸，还需要当事人体察特定情境中人际交往的微妙之处。在这一点上，犹太教典籍《塔木德》给出了一个极富教益的实例。

一次，有位拉比要召集6个人开会商量一件事，便让人安排一下，去邀请6个人来，可是到了第二天，却来了7个人，其中肯定有1个人是不邀自来的，但拉比又不知道这第七个人究竟是哪一位。

于是，拉比只好对大家说：“如果有不请自来的人，请赶快回去吧。”

结果7个人中最有名望的人，那个大家都知道他一定会受到邀请的人却站了起来，走了出去。

显而易见，这个人是在为他人背黑锅，他知道，7个人中必定有一个人没有受到邀请，但既然到了这里，再要自己承认资格不够，是一件令人难堪之事，尤其还当着这么多人的面。为了保护这个人的自尊心，最好的办法不是一一对质证明自己出席会议的资格，而是干脆让他“混迹其中”，借匿名状况来保全他的面子。所以，那位有名望的人的退让，可谓用心良苦，但能如此设身处地地为他人着想并采取相应行动，正体现了他的仁慈之心。

《塔木德》的使命本来就是为人们规定，在怎么样的具体情境中，碰到怎么样的具体问题，应当如何恰当而妥帖地遵循哪一些具体规范。上述事例也只是《塔木德》有意选择或人为设定的一个特殊情境及其对策，但就是从这一情境、其中的出场人物及其表现上，可以进一步看出犹太民族那种追求行为最大限度的合情合理的智慧。

走掉1个人，是解决上述窘境的基本方法。但究竟谁走掉，却大有讲究。即便有人为了保全他人的自尊心而主动离去，但要是他本身也处于可邀可不邀的临界状态，那么，他的主动离去很可能被别人——除了那个心照不宣的真正不邀自来者之外——认作是不邀自来者，从而多多少少会受到一些诸如"此人自以为了不起"之类的贬低。而这种虽然没有多大分量的"道德污名"，本不该落在他身上的。如果要求这样一个人主动离席，那是对他的不公正。

为此，《塔木德》特意安排了一个不可能背黑锅的人物出场：人人都知道他处于必邀之列，那么他的退场一眼就可以看出是一种高姿态。"污名"沾不到他身上去，相反，只会进一步增加他的声望。

从这里不难看出，《塔木德》追求的是一种在帮助别人的过程中，人人得利的结局，而不是将某种对个体有害无益的道德义务强加于"君子"（无贬义）身上。这种既顾及他人的利益，也顾及君子的利益的伦理安排，不仅本身极为道德，而且作为道义引导，也可以最大限度地减少被引导者的委屈感，从而最有效地教化之。

设身处地地为道德典范们着想，将"己所不欲，勿施于人"的道德原则同等程度地施用于他们，使他们能保持一个人的全部水灵灵的内心体验，而不至于因为过分的要求和实质上的漠视，导致他们变为机器人身上的螺丝钉甚至伪君子，是真正表现出一个民族的道德智慧的神来之笔。

从前文述及的例子，即在令人窘困的情境中，有名望者主动退让来成全他人，我们侧重于发掘了犹太民族在将"己所不欲，勿施于人"的道德原则具体化时那种独具特色的周详妥帖的智慧。除此之外，我们还隐隐感觉到其中似乎仍有可作进一步挖掘的更深意蕴。那就是，"己所不欲，勿施于人"应该是一种双向适用的原则：健康健全的伦理道德体系不仅应该有“己所不欲，勿施于人”的要求，也应该有“人所不欲，勿施于己”的要求。

稍加分析的话，便不难看出，一切形式的“己所不欲，勿施于人”的原则，都内含着若干关于人性的假定。

首先，这一原则假定存在着共同的人性，换言之，即为人性的同一性。凡是人类的一员都具有共同的基本意向、欲求和满足，都有共同的快乐和痛苦的对象，都有共同的趋利避害的本能。人类的所有这些共同点，构成了设身处地地为对方着想的前提和可能性。没有这些，就会出现一方的好心好意在另一方纯粹成为强加于人的尴尬局面。

其次，这一原则还假定，所有人出于本性的要求都是等价的，换言之，即为人性的等价性。形式上，我们只能由己及人，从自己的要求与感受出发来设想或猜度对方的要求与感受；但从原则上，我们决不能以自身为本位，而认为自身高于他人，优先于他人。这种人性的等价性是运用“己所不欲，勿施于人”的原则的价值前提。

最后，作为一个道德原则，它还隐含着一层承认他人人性的优先性，甚至克制自己的人性要求，以协调人际关系的含义。

社会事物，包括人的行为中有许多都像取予、得失、胜败等一样，具有正负两极效应。对一者是符合人性要求的东西，对另一者可能就是违反人性或者不太合乎人性的东西。所以，按照这一原则，个体在追求自己的人性要求时，必须顾及不至于因此而将违反他人人性要求的东西强加于他人。在可能造成这种结果的情况下，“己所不欲，勿施于人”的原则隐性地要求个人主动放弃自己的追求，尽管这种追求本身是符合人性的。所谓“友谊第一，比赛第二”就是一个极端的例子。

对于这三条假定，由于第一条是其他一切假定的基础与前提，相互之间没有抵触之处，所以不加讨论。成问题的是第二、第三条假定，两者实质上是既相联系又相对立的。

不承认人性的等价性，就不可能进一步承认对方的优先性；反过来，承认了对方的优先性，无疑又否定了从“我”的角度看过去的，双方人性的等价性。

正由于这种内在悖谬的存在，使“己所不欲，勿施于人”的原则，在某种程度上成为倡导他人优先性的单向道德要求。而从严格的道德意义上说，任何单向性的道德要求，就其总是在相当大的程度上压抑主体、贬低自我的价值而论，内在的就是不够道德，甚至不道德的。

因为这种单向性的存在，很容易导致由承认泛化的他人的优先性转变为承认特定的他人的优先性，由承认随情境而变的他人优先性转变为承认固定不变的压倒一切的他人优先性。如果这两者再结合在一起的话，就会成为一种只承认某一他人无条件优先性的不道德的信条。

一切专制国家中，居于权力顶峰者之所以要给自己套上一轮伦理的光环，越是强权政治越是伦理化，其内在机制就在这里。

所以，以犹太民族那种天然地反对人神、反对强权、反对同为肉体凡身的他人篡夺上帝地位的本能，必定觉察出这种单向性，看出这种单向性的不道德的内在倾向，进而必定在某种程度上和一定范围内，否定这种单向的他人优先权。前文述及的那个寓言，在深层次上就包含着这种洞察和对策，而更为明晰的表达，则见之于犹太教拉比关于人己关系的讨论。

犹太史上有一部著名的神学和法学著作，名为《密西拿》，是成文律法《托拉》之外的《口传法规》的标准部分。《口传法规》紧密结合《圣经》戒律，借助于个别案例，来考察人们的行为。这些案例都围绕着一个问题：一个想在各方面都符合《托拉》精神和规定的人必须做什么和不准做什么。以后，《密西拿》同《革马拉》（律法释义汇编）一起组成《塔木德》（犹太口传律法）。

从这本蕴藏着犹太民族丰富的道德智慧的巨著中，我们可以找出两则典型案例，从中看到犹太民族关于人己关系的思考和处理。

第一则案例如下：

有一个人来找拉瓦拉比，请教他一个问题：

“市长要我去谋杀一个人，我要是不去，市长就会派人来杀了我。在这种情况下，我该怎么办？”

拉瓦拉比回答说：

“宁可让他杀掉你，也不要犯谋杀罪。你为什么认为你的血就比他红呢？”

第二则案例是：

有两个人外出旅行，走进了荒无人烟的大沙漠。其时，两个人只有一个人有一点水。这点水如果两个人喝，则两个人都终将渴死在沙漠里；如果一个人喝，则此人就可以活着走出沙漠。在这种情况下，人应该怎么办？

本·派图拉比教导说：

“拥有水的人应喝以活命。”

按照犹太人的观点，拉比对这两个案例之所以得出这样的两个结论，是因为分别基于如下两条原则：

人不应视自己的生命价值高于他人。

一个人自己的生命价值决不低于他人。

要是我们越俎代庖一下，将这两条原则结合在一起的话，马上可以看出，这不就是一条人己关系双向对等的原则吗？

一个人没有权利把自己不愿意要的东西（死亡）强加于他人（谋杀他），但一个人也不应该把一般人都不要的东西（死亡）强加给自己（渴死）。而当人己双方都面临着人类所不要的东西而又必须由其中一方承受下来（哪怕纯属被动地）的时候，就让每个人自己拥有的客观条件来决定，而不作人为干预。

这种把问题的解答同初始的条件相挂钩，不作人为干预的方法，从形式上看，是暂时地给道德原则“加括号”，把它“悬置”起来，借以回避问题；但从实质上看，不就是不借道德之名，将不道德的要求强加给信守道德之人吗？

不可否认，任何道德体系都内在地具有抬高整体，包括作为整体之具体化的他人，而贬抑自我的要求这一根本倾向。犹太民族的道德信条也不可能完全消除这种倾向，除非不成其为道德。

然而，在道德有可能越出“道德”的范围，而成为某种不道德时，犹太民族却极为合理、极为道德地紧急制动，借悬置道德来给出了最为道德的准则。这种以物的合理性，即物的归属，来规定人的合理性（即伦理或道德标准）的做法，正典型地体现了犹太智慧的一个极为意义重大、极具现代色彩的特征：主观合理性与客观合理性吻合，主观合理性受客观合理性决定，或者更确切地说，人的合理性与物的合理性的同一与融合。

10. 让他人也为自己想一想

古时候，耶路撒冷的一个犹太人外出旅行，途中病倒在旅馆里。当他知道自己的病已经没有希望时，便将后事托给了旅馆主人，请求他说：

“我快要死了，如果有知道我死而从耶路撒冷赶来的人，就请把我的这些东西转交给他。但是，此人必须做出三件聪明的事，否则，就绝对不要交给他。因为，我在旅行前对儿子说过，如果我在旅途中死了，他要继承遗产的话，必须做出三件聪明的事才行。”

说完，这个人就死了。旅馆主人按照犹太人的礼仪埋葬了他，同时向镇上的人发表这个旅人的死讯，还派人送信到耶路撒冷。

他的儿子在耶路撒冷听到父亲的死讯后，立刻赶到父亲死亡的那个城镇。他不知道父亲死在哪一家旅馆里。因为父亲临死前，曾叮嘱不要把那家旅馆的名字告诉儿子，所以，他只好自己寻找。

这时，刚好有个卖柴人挑着一担木柴经过。他便叫住卖柴人，买下木柴后，吩咐卖柴人直接送到有个耶路撒冷来的旅人死在那里的旅馆去。然后，他便尾随着卖柴人，来到了那家旅馆。

旅馆主人见卖柴人挑着柴进来，便对他说："我没有向你买过木柴。"

卖柴人回答说："不，我身后的那个人买下了这担木柴，他要我送到这里来。"

这便是那个儿子做的第一件聪明事。

旅馆主人很高兴地迎接他，为他准备晚餐，餐桌上，有5只鸽子和1只鸡。除了他以外，还有主人夫妇和他们的2个儿子和2个女儿，一共7个人围坐在餐桌旁一起吃饭。

主人要他把鸽子和鸡分给大家吃，青年推辞说："不，你是主人，还是你来分比较好。"

主人却说："你是客人，还是你来分。"

青年便不再客气，开始分配食物。首先，他把1只鸽子分给2个儿子，另1只鸽子分给2个女儿，第3只鸽子分给主人夫妇，剩下的2只，就自己拿起来放在盆子里。

这便是他做的第二件聪明事。

接着，他开始分鸡肉。他先把鸡头分给主人夫妇，然后是2个儿子各得1个鸡脚，2个女儿各得1个鸡翅膀。最后剩下的整个鸡身子，全归了他自己。

这便是他做的第三件聪明事。

看到这种情形，主人终于忍不住大声斥责他说：

"在你们国家里就兴这么做吗？你分配鸽子的时候，我还可以忍耐，但看到你这样分配鸡肉，我再也忍受不了了，你这么做到底是什么意思？"

年轻人不慌不忙地说：

"我本来就无意接受这项分配工作，可是你硬要我接受，所以，我按照我认为最完善的做就是了。你和你太太以及一只鸽子合起来是三个，你两个儿子和一只鸽子合起来是三个，你两个女儿和一只鸽子合起来是三个，而我和两只鸽子合起来也是三个，这很公平嘛。还有，因为你和你太太是家长，所以分给鸡头，你们的儿子是家里的柱子，所以给他们两只鸡脚，把翅膀分给你们的女儿，是因为她们迟早要飞到别人家里去的，而我本人是坐船到此，还要回去，所以取了鸡身。请赶快把父亲的遗产交给我吧。”

《塔木德》的作者常常不交代智慧故事的要旨在什么地方，现在拉比学院中讲授《塔木德》课程的教师对学生也是如此，最多只给个方向，余下的请自己动脑筋，再有，就是同学们一起讨论了。

所以，我们在方向也不甚明了的情况下，只好自己揣摩其中的“微言大义”。

这三件事都称为“聪明事”，初看起来，确实有点费解。

第一件事可以算聪明事。因为这个年轻人原来面临的是一个问不出答案或者不准问的问题。通过一笔木柴交易，他把回答这个问题作为成交的条件，让卖柴人为了自己的利益，帮助他解决了难题。

从这层意义上说，他通过利益再分配，使卖柴人与他在利益上有了一些共同之处，从而借他人之力达到了自己的目的，这一点很明白。

可是，这分鸽子、分鸡肉，就不那么容易理解了。这种近于恶作剧的行为也是聪明行为吗？要是的话，那大孩子诈骗小孩子的玩具、吃食等行为，都可以算作大有出息的聪明行为了。当然，会诈骗总比一味只知抢夺，要多几分聪明或者狡诈。

其实，这里有个小小的机关。故事中特意提到旅馆主人发火之事。为什么发火，从表面上看，是那年轻人太“贪”心，把主人桌上的鸽子、鸡肉多数占为己有，所以惹得主人发火。

但是，要再看下去呢？显然，年轻人要主人发火才是他的本意。正是在主人发火之后，他才理直气壮地要求主人归还遗产。这里就有奥妙了。

奥妙说穿了，实在简单得很。

年轻人此来是为了取得父亲的遗产，但条件却十分苛刻：必须做三件聪明事。这说起来容易，做起来并不简单。因为这聪明二字没有一个明确的可操作的标准。他尽可以竭其所能地表现他的聪明，但认可不认可他的行为为聪明行为，主动权不在年轻人的手里，而在旅馆主人手里。

所以，为了让旅馆主人早一点承认他的聪明，年轻人又一次借人与人的利益关系来做文章了。

如果说，他借卖柴人之力时，用了利益同增的策略的话，那么，在“迫使”旅馆主人合作时，则用了利益同减的策略：你如果不承认我的聪明行为，从而不给我遗产的话，我将没完没了地以牺牲你的利益的方式，迫使你承认我的聪明；既然你有权利决定我的行为是否聪明，那么，你也有义务不断接受我各种不够格的聪明行为所带来的一切不聪明后果；所以，如果你的聪明能使你认识到自己的损失，那么，你的聪明也一定会以承认我的聪明来摆脱你的困境，还有我的困境。

因此，旅馆主人咆哮如雷之时，也就是他已经感觉到利益受损之时。年轻人的一番话，只是证明其行为之聪明的“意识形态”，即看似有理（因为有种种数据！）的解说而已。真正有分量的，是他的行为所带来的结果。

从上述不无累赘的阐述中，我们似乎可以感觉到犹太人看待和处理人际关系的某种一般的洞见和谋略。

人与人的关系根本上是一种利益关系，尤其在上述年轻人同卖柴人和旅馆主人这样非亲非故之人的关系中，其他的包括道德考虑也是需要的，但真能击中要害、调动对方的，唯有利益。只有他人的利益同你的利益紧紧地绑在一起的时候，他人才可能像为自己谋利或避害一样，为你着想，因为这一着想以及由其产生的努力可以同时带来其自身利害的相应变动。

所以，与人相处或调动对方时最好的办法就是“让他人为自己的利害着想”。中国的那些义兄义弟们老是标榜的“有福同享、有难同当”，不过是对这一谋略作正面处理而已。

当美国犹太人拥有巨额资金和至关重要的选票并能团结得像一个人那样，极其精明地将其按照“利害与共”的原则加以运用时，无论是国会议员，还是觊觎白宫宝座的竞选人，或是希望连任的白宫主人，能不最大限度地满足他们的要求吗？要知道，到1974年，美国犹太人为民主党和共和党提供的竞选资金，已分别达到他们所收到的竞选资金总额的60%和40%！

让利益出面要比空口白牙的说教，有力量得多。不过，这也需要一个人有智疏财的气度与胆略。

第十章

绝不虐待金钱：从不需要本钱的事情开始

1. 重视金钱的作用

犹太商人以重视金钱而闻名。犹太人素把金钱当成是自己的第二上帝，他们认为，在这个世界上除了上帝之外，就只有金钱最值得人尊敬和重视。

在《塔木德》中，有许多关于金钱的格言：

“身体依心而生存，心则依靠钱包而生存。”

“钱不是罪恶，也不是诅咒，它在祝福着人们。”

“钱会给予我们向神购买礼物的机会。”

“伤害人们的东西有三：烦恼、争吵、空钱包，其中以空钱包为最。”

“一旦钱币叮当作响，坏话便戛然而止。”

“用钱去敲门，没有不开的。”

这些都是古老的犹太民族所遵循的法典。犹太人以宗教作为生活的依托，但他们从不轻视金钱，这一点与基督教恰好相反。

马克思在《论犹太人问题》中这样写道：“犹太人用自己的方式解放自己，他们解放了自己不仅因为他们掌握了金钱势力，而且因为金钱通过他们或者不通过他们成了世界势力，犹太人的实际精神就成了基督教各国人们的实际精神，犹太人的自我解放到了使基督教徒变成犹太人的程度。”

马克思在这里试图要说明的是：犹太人尽管历尽磨难，流浪异乡，但他们靠自己的智慧，通过对金钱、对财富的不断追求，来为自己赢得了生存和发展的机会。同时，由于犹太人在追逐金钱、聚集财富方面的成功，使得其他民族不得不对其刮目相看，也使得其他民族不得不向犹太人学习，因为在商业社会（马克思的原意是资本主义世界）中，人的成功标志，人的价值的实现，更多的是依靠自己在财富方面的成功。在这个意义上，犹太民族无疑是世界上最优秀，也最“先知”的民族了。

2. 钱，人格和民族精神的一面镜子

犹太人历经2000多年的流浪，历经迫害、压迫、放逐乃至杀戮，却始终未被同化，且最终建立了自己的主权国家以色列，这或许是人类历史上仅有的奇迹。人们会问，犹太人何以生命如此顽强，历数难而不灭，答案或许就是一个字：钱！

（1）钱，它是犹太人的血统

在生物学基因不足以界定犹太人的民族身份而必须辅之以宗教的同时，我们发现，单单宗教信仰也不足以界定犹太人的文化身份，而必须辅之以对待成功、对待金钱（因为它是成功最直接，也最有说服力的一种表现形式）的态度，才能确定一个人是否为真正的犹太人。

因此，我们完全可以把犹太人同金钱的高度同构关系作为其民族的区别标志。事实上，犹太人自己的笑话中已经在这么做了，而无论反犹太主义者还是社会主义者，都不乏类似的看法。19世纪法国“著名”反犹太分子爱德华·德拉蒙德说过：“反犹主义是一场经济战争。”而德国著名社会主义者奥古斯特·倍倍尔也曾说过：“反犹主义是中下层阶级的社会主义。”犹太民族2000年中的存在方式本身更为有力地证明了这一点。

自大流散以来，尽管从绝对数量说，犹太人毕竟与一般民众一样，较多地从事农工畜牧的生产活动，但作为其寄居城市的独特生存状态，犹太

民族始终在保持着一个商人民族的身份。在相似的社会条件下，如亡国或受迫害等，生存下来的民族，绝不仅止于犹太民族一个，但唯有这个民族走上“专职”商人民族的道路，而且还极为顺利（相对而言）：尽管屡遭驱逐甚至杀戮，一再被剥夺得两手空空，但只要有那么一段不是很长的平和时期，犹太人就可以由商业活动、由同钱打交道而迅速崛起，在繁荣当地商业的同时，自己也富裕起来。这犹如沙漠中一颗晒干的种子，只要一场小雨，它马上就会萌芽而茁壮起来。甚至反过来说，一个地方的商业就像一颗颗晒干的种子，只要犹太人的春雨一到，它马上就会繁茂起来。中世纪欧洲各国就是借犹太人来发展商业，尤其是法国，竟在200年中6次招来犹太人6次驱逐犹太人，犹太人简直成了他们发展本国商业“招之即来，挥之即去”的利器。

用一个日本商人的话来说：“信仰犹太教的犹太人，做生意确实有一套本领。生意人如果都去做犹太教的信徒，世界上就不会有战争，而都可以赚钱，世间就变成了乐园。也许几百年后，地球上所有的人都会成为犹太教的信徒。”这个日本人就是自封为“银座的犹太人”的藤田，实际上他就是成功的生意人。

能够表明犹太人活动样式与钱的活动样式的同构的，还有犹太人的历史与钱的历史的统一：犹太人和钱都曾长时期仅作为交换媒介而存在；犹太人和钱都曾在长时期中既受排斥、又遭掠夺；犹太人在近代是随着钱的崛起而崛起的；当代犹太人最兴旺发达的地方不是以国有制为主体的犹太人国家以色列，而是在货币经济最发达的美国！

这一方面足以说明犹太人何以能够幸存下来：只要有钱在流通的地方，就天然地需要犹太人这样的“媒介”，犹太人就可以取得不可替代的位置。这种时候的犹太人是不能灭绝的，因为不能少了他们；而一旦主民族自己也领悟了钱的本性，不需要犹太人时，他们自身也就成了“犹太人”，在钱的意义上当代美国人确实是最像犹太人的。

另一方面，这也足以说明犹太人何以能够在资本主义的形成、发展的若干重要方面与其如此吻合：犹太人的生存逻辑就是钱的逻辑、就是资本发展的逻辑，而这种钱的逻辑的起始点则在于犹太人对钱的“准神圣性”的认可之中。

（2）钱的“准神圣”性

在现代社会中，犹太人对钱的这种迷恋或许还算不上独特，那么在2000多年前就不大一样了，《塔木德》中有这样的犹太谚语：

“钱不是罪恶，也不是诅咒，钱会祝福人的。”

“钱会给予我们向神购买礼物的机会。”

“身体的所有部分都依靠心而生存，心则依赖钱包而生。”

这种对钱的态度，在很大程度上反映出一个社会、一个民族或一种文化的“资本主义合理性”水平。在这一点上，犹太人的民族起源与历史遭遇无疑起着决定性的作用。

犹太人的长期流散，使他们不可能鄙视钱，因为每当形势紧张，他们重新踏上出走之路时，钱是最便于他们携带的东西，也是他们保证自己旅途中生存的最重要工具。

犹太人的寄居地位，也使他们不可能鄙视钱，因为他们原来就是用钱才买下了在一个国家中的生存权利。犹太人缴纳人头税和其他特别税，名堂之多、税额之重，也是绝无仅有的，“犹太人若非自己在财政方面的效用，早就被消灭殆尽了”。这是犹太人与非犹太人之间不多的共识之一。

犹太人的四散分布，也使他们不可能鄙视钱，因为钱是他们相互之间彼此救济的最方便形式。

犹太人的长期经商传统，也使他们不可能鄙视钱，因为尽管钱在别人那里只是媒介和手段，但在商人那里，钱永远是每次商业活动的最终争取目标，也是其成败的最终显示。

所以，钱对犹太人来说，绝不仅止于财富的意义。钱居于生死之间、居于他们生活的中心地位，是他们事业成功的标志：这样的钱必定已具有某种“准神圣性质”；钱本来就为应付那些最好不要发生的事件而准备的，钱的存在意味着这些事可以避免发生，钱越多，也就意味着发生的可能性越小，所以赚钱、攒钱并不是为了满足直接的需要，而是为了满足对安全的需要！至今在犹太人家庭中还有一种习惯，留给子女的财产至少不应该比自己继承到的财产少，这样的心愿代表着犹太人对后辈和平安宁的祈愿。

所有这一切表明，在其他民族对钱抱有一种莫名的憎恶甚或恐惧之时，犹太人在钱这一方面已经完成了从单纯经济学意义上向文化学、社会学意义上的划时代跨越：钱已经成为一种独立的尺度，一种不以其他尺度为基准相反可以凌驾于其他尺度之上的尺度。

这样，钱对于犹太民族来说，具有了神圣的性质，而这一性质对于资本的发生、形成、积累和增值，都有着至关重要的意义。

一方面，赚钱行为或日后的资本主义经营行为成了一种自在的行为。能否赚钱成为决定一切行为之正当性的终极尺度，一切价值、观念、规范和活动皆必须通过钱来获得自己的合法性、正统性，就像自然经济下它们由神的旨意而获得合法性一样。这样一种人类状况的确立，为商业化的大潮席卷一切领域开启了闸门，从而几乎使一切纷纷坠落到商品的大海。它们原先的神圣性，不管是宗教的、伦理的、美学的、情感的还是其他什么的，都不复存在，或者至少都清一色地被抹上了一层金黄色、铜绿色或者水印痕迹。犹太人在生活上的禁忌之多、之严是各民族中不多见的，而且2000多年一以贯之，至今极少改变；可在经济领域，犹太人在经营商品时的百无禁忌更是各民族中不多见的，现代世界的许多原先非商业性领域，大都是被犹太商人打破封闭而纳入商业世界的。这同犹太商人最早确立钱的“准神圣”地位大有关系。

另一方面，钱的自在地位的确立，使得钱的历史发展逻辑自然转变为人的思维逻辑，钱的自发发展的动因转化成人类制度性建设的动机。在钱的无声而无上的指令下，一切有利于资本发生、形成、发展、增值的设施、机制和构件，自动地建立了起来。世界市场的开拓、经济秩序的确立、金融作用的实现、政治权力的驾驭，都有条不紊地一个个出现，而对这现代资本主义大厦的建设，最忙碌、贡献最大的人群之一必然是犹太商人。在不同历史时期确有不同民族的商人出现在人类经济发展的关键地段，而犹太商人在确立钱的“准神圣”地位上先行了一步，因此成了向资本主义进军的排头兵，成了名副其实的“资本家的原型”。

钱的“准神圣”地位的确立，为犹太人追求物质利益的活动清除了在其他民族中常见的种种认识和观念上的障碍，使犹太人得以最为自由地施展自己的赚钱才干。

犹太人对钱的同构、逻辑、机制的认识，向我们展示了犹太人生存机制中的一种内在动力，赚钱成为犹太人的第一件大事，这一内在动力使犹太民族能够随着人类社会商业发展和资本合理性的增长而不断调整、成长，并表现出了高度的同步甚至超前。这正是他们成为真正的商人民族，成为“世界第一商人”的内在原因。

3. 能赚钱才是真智慧

犹太人在贸易、实业、金融、投资等领域的成功，使得我们总想探究这个民族的神秘智慧。而智慧这个词是很难界定的，它与知识肯定不是一回事。犹太人尊重知识，为了获得知识，他们非常重视教育，在《塔木德》中有这样的话：

“宁可变卖所有的财产，也要把女儿嫁给学者。”

“为了娶得学者的女儿，就是丧失一切也无所谓。”

对知识的无限渴望，将知识视作财富，或许是犹太民族成为世界优秀民族的重要原因。不过，话又说回来，知识固然是劫不走的财富，但它毕竟不是真正的实实在在的财富，要将知识转化为实在的财富就要靠智慧，智慧大概可以看作运用知识、驾驭知识的能力。知识是后天习得的，而智慧更体现在潜移默化的民族特质当中。一个人或许学识渊博，但他不一定是智者。就像一个古代的智者，他懂得的知识肯定不多，可他是智者，而我们不是。犹太民族很懂得智慧与知识的区别。在他们看来，只有你能够创造财富，你才懂得智慧，也就是说能赚钱才是真智慧。如果你是个拥有硕士、博士学位的人，可你却不能用你学到的知识去赚钱，那你顶多就是个学富五车的学者，但不是智者。相反，如果你是个穷光蛋，也没有读过什么书，但你能够靠自己的本事一夜成为富翁，犹太人肯定会对你佩服得五体投地，因为他们认为你真正拥有了赚钱的智慧。

学者、哲学家的智慧或许也可以称作智慧，但不是真正的智慧，因为他们尽管知道金钱的价值但却无法获得金钱，并只能在金钱面前低头。在金钱的狂态面前俯首贴耳的智慧，是不可能比金钱重要的。

相反，富人没有学者之类的智慧，但他却能驾驭金钱，并有聚敛金钱的智慧，通过金钱可以驱使学者的智慧。这才是真正的智慧。有了这种智慧，没钱可以变成有钱，没有“智慧”可以变成有“智慧”，这样的智慧不是比金钱，同时也比学者的所谓“智慧”更重要吗?

不过，这样一来，金钱又成了智慧的尺度，金钱又变得比智慧更为重要了。其实，两者并不矛盾：活的钱即能生利的钱，比死的智慧即不能生钱的智慧重要；但活的智慧即能够生钱的智慧，则比死的钱即单纯的财富——不能生钱的钱——重要。那么，活的智慧与活的钱相比哪一样重要呢?

或许同样重要！智慧只有化入金钱之中，才是活的智慧，钱只有融入了智慧之后，才是活的钱；活的智慧和活的钱难分伯仲，因为它们本来就是一回事：它们同样都是智慧与钱的圆满结合。

智慧与金钱的同在与同一，使犹太商人成了最有智慧的商人。犹太人“能赚钱就是真智慧”的经营哲学同样体现在他们对赚钱的态度和方式，以及对赚的钱的处置态度上。

4. 钱是赚来的，而不是攒来的

立足于赚而不是攒，是犹太商人独有的经营哲学，这里有一则笑话可资证明：

卡恩站在百货公司的前面，目不暇接地看着形形色色的商品。他身旁有一个穿戴得很体面的绅士，站在那里抽着雪茄。卡恩恭敬地对绅士说：

“您的雪茄很香，好像不便宜吧？”

“2美元一支。”

“好家伙！您一天抽多少呀？”

“10支。”

“什么时候开始抽的？”

“40年前就抽上了。”

“什么？您仔细算算，要是不抽烟的话，那些钱不就足够买这幢百货公司了吗？”

“那么说，您也抽烟了？”

“我才不抽呢！”

“那你买下这家百货公司了？”

“没有啊！”

“告诉你，这幢百货公司就是我的！”

谁也不能说卡恩不智慧，他账算得很快，一下子就计算出每支2美元每天10支40年的雪茄钱可以买一幢百货公司；另外，他勤俭持家，并身体力行，从来没有抽过一支2美元的雪茄。

然而，根据我们前面得出的结论，谁也不能说卡恩有“活智慧”，因为他雪茄没抽上而百货公司也没攒下。

卡恩的智慧是死智慧，绅士的智慧才是活智慧，钱是靠钱生出来的，不是靠克扣自己攒下来的！

犹太商人有白手起家的传统，至今世界上有名的犹太富豪中有不少人充其量不过二、三代人的历史。但犹太商人没有靠攒小钱积累资本的传统。

一方面，犹太商人在文化背景上就没有受到禁欲主义束缚。犹太教中总体上从来没有这方面的要求。犹太人在宗教节期间有苦修的功课，但功课完毕之后，便是丰盛的宴席，虽然无法同中国人相比（犹太人至今仍把“中国厨子”同美国工资、英国房子、日本妻子一起，列为理想生活的四大要素）。所以，那种形同苦行僧般的不抽雪茄的生活方式，不是犹太商人的典型生活方式。

另一方面，从犹太商人集中于金融行业和投资回收较快的行业来看，他们本来就把注意力集中在“钱生钱”而不是“人省钱”上面。靠辛辛苦苦攒小钱的人是不可能有犹太商人身上常见的那种冒险气质的。

这两个因素的结合，使犹太商人的经营方式和生活方式形成了鲜明对照。在业务方面，犹太商人精打细算到了无以复加的地步，成本能省一分就省一分，价格能高一点就高一点。但在生活上，类似于每天吸2美元一支的雪茄10支，并不是什么罕见的现象。像英国犹太银行家莫里茨·赫希男爵那样，在庄园里招待上流社会人物，在历时2周的款待中，其他不说，光是狩猎游戏中宾客射死的猎物就达1. 1万头，这毕竟是不多见的。即使节俭到冬天不生火炉的上海犹太商人哈同，也舍得以70万两银圆修造了上海滩最大的私人花园爱俪园，以取悦自己的爱妻。

犹太商人的这种总体上的生活方式，令同为当今世界著名商人的日本商人叹为观止。犹太商人不管工作如何忙，对一日三餐从不马虎，总留出时间，还要吃得像样，而且进餐忌讳谈工作。而日本商人的人生格言是“早睡早起，快吃快拉，得利三分”。两相对比，日本人大觉羞愧：“仅仅为得三文钱，就必须快吃快拉，这是何等贫穷的表现！”

对吃饭的态度只是犹太人生活方式的一点表现。他们每周还要过那整整24小时不谈工作甚至不想工作的安息日！因为犹太人是世界上最谙熟“平常心即智慧心”的道理的民族；犹太教靠尊重信徒的生理心理要求而保持住了他们的虔诚，犹太商人也同样靠“尊重”自身内在的自然要求而保持住了自己经商时的平衡心理。常言道“利令智昏”，一个在利润（工作）问题上拿得起放得下的商人，其智力才不会衰竭。

早期好莱坞巨头之一，同样白手起家的刘易斯·塞尔兹尼在告诫其子大卫（电影《飘》的制片人）时说：“过奢侈的生活！大手大脚地花钱！始终记住不要按你的收入过日子，这样能使一个人获得自信！”这已经成为好莱坞的经营原则。

对于一个商人来说，还有什么比自信更为重要的呢？它能使你自己发挥原有的能力和才智，能使同伴增加信任，能使对手感到压力。一个气定神闲、心平气和的商人，才是真正成功的商人。

而反观我们中国人，在赚钱时，总是特别注意钱的出处，即所谓的“君子爱财，取之有道”，开当铺、收购垃圾、卖棺材之类的钱，往往被大多数人认为是肮脏的钱，规规矩矩地工作挣得的钱才是干净的钱。而在犹太人看来，钱是没多大区别的，既然都是钱，我就可以赚，我关心的是钱，而不是钱的性质。把钱加以区分，是一件无聊透顶的事，既浪费时间又束缚思想。这是犹太人经商的一大特点。

5. 巧借别人的钱来赚钱

不管是一个国家经济的发展，还是个人的发家发迹过程，都有一个叫作“资本原始积累”的阶段，对于那些富有的豪门或旺族，后辈自然可以接过父辈打下的江山继续前进，但是对于穷人而言，要想发家致富，光起步时的本钱就是个难题。按照一般的思路，可以去借，但对于一个毫无家底的穷光蛋，谁又能借钱给他呢？现代的银行有严密的信用级别制度，对于一个穷人而言，其资信等级肯定达不到银行的要求，故想从银行借钱简直是比登天还难。犹太人身处异地他乡，遭人歧视，受人排挤，他们无地无权无势，想出人头地在常人看来简直是妄想。然而，事实上，犹太人却以其不凡的智慧和机智，加上其勤勉、忍耐的性格，完成了“资本的原始积累”阶段，并且最终成了富翁。犹太大亨洛维格就是以一种超乎寻常的方式巧妙利用别人的钱发家致富而最终成了亿万富翁。

（1）巧妙利用别人的钱发家致富

我们知道有个世界船王叫奥纳西斯，但他同洛维格相比，可谓“小巫见大巫”。洛维格拥有当时世界上吨位最大的6艘油轮；另外，他还兼营旅游，房地产和自然资源开发等行业。

洛维格第一次做的生意只是一只船的生意。

他把一条搁置很久沉入海底的长约26英尺的柴油机动船很费劲地让人打捞出来，然后用了4个月的时间将它维修好，并将船承包出去，自己从中获利50美元。这使他很高兴，也很高兴父亲能借钱给他，他明白了借贷对于一贫如洗的人创业的重要。

可是，青年时期的他在企业界碰来碰去，总是债务缠身，屡屡有破产的危机。他始终也没有跳出平常的思维，达到一种有希望的新境界。就在洛维格行将进入而立之年时，灵感也在这个时候爆发了。

他先后找了几家纽约银行，希望他们能贷款给他买一条一般规格水准的旧货轮，他准备动手把它改造成赚钱较多的油轮，但是却一一遭到了拒绝，理由是他没有可资担保的东西。“山重水复疑无路，柳暗花明又一村”，洛维格有了一个不合常规的想法。

他有一条仅仅能航行的老油轮，他将这条油轮以低廉的价格包租给一家石油公司。然后他去找银行经理，告诉他们他有一条被石油公司包租的油轮，租金可每月由石油公司直接拨入银行来抵付贷款的本息。经过几番周折，纽约大通银行终于答应了他的要求。

这就是洛维格奇异而超常的思维。尽管他并无担保物，但是石油公司却有着很好的效益，其潜力很大，除非天灾人祸，石油公司的租金一定会按时入账。而且洛维格的计算非常周密，石油公司的租金刚好可以抵偿他银行贷款的本息。他的这种巧妙的“空手道”做法看似荒诞，但实际上正是他成功的开端。

洛维格拿到贷款后就去买下他想买的货轮，然后自己动手将货轮加以改装，使之成为一条航运能力较强的油轮。他利用了新油轮，采取同样的方式，把油轮包租出去，然后以包租金抵押，再贷到一笔款，然后又去买船，再去……这样，像神话一样，他的船越来越多，而他每还清一笔贷款，一艘油轮便归在他的名下。随着贷款的还清，那些包租船全部归他所有。

洛维格的成功，最关键的地方在于他找到了一种巧借别人的“势”来壮大自己的妙策。一方面，他将船租给石油公司，这样他就有了与这家石油公司开展业务往来的背景。有这样一家石油公司来衬托他，况且每日租金可直接抵付利息，银行当然乐意将钱贷给他了。另一方面，他用从银行借来的钱再去买更好的货轮，然后再租给石油公司，然后又贷款。从这一点上讲，他又成功巧妙地利用借来的钱壮大了自己的“势”，如此往复，借的钱越多，租出去的船也就越多，而租出去的船越多，其“势”就越壮大，而“势”越壮大，就可以获得更多的钱……这样，像滚雪球一样，他当然就发了。由是观之，犹太人不但精于利用别人的钱，更精于假借别人的力量来壮大自己或者说为自己服务。

（2）“好风凭借力，送我上青云”

犹太人不论在商界、政界还是在科技界的成功者，都是善借别人之“势”，巧借别人之“智”的高手。如美国前国务卿基辛格，且不说其在外交工作上的政治手腕，就说他处理白宫内的事务工作，就是一位典型巧于借用别人力量和智慧的能手。他有一个惯例，凡是下级呈报来的工作方案或议案，他先不看，压它三五天后，把提出方案或议案的人叫来，问他："这是你最成熟的方案（议案）吗？"对方思考一下，一般不敢肯定是最成熟的，只好答说："也许还有不足之外。"基辛格即会叫他拿回去再思考和修改得完善些。

过了一些时间后，提案者再次送来修改过的方案（议案），此时基辛格把它审阅了，然后问对方："这是你最好的方案吗？还有没有别的比这方案更好的办法？"这又使提案者陷入更深层次思考，把方案拿回去再研究。基辛格就是这样反复让别人深入思考研究，用尽最佳的智慧，达到自己所需要的目的，这不愧为一手高招，这也反映出犹太人的一种成功的诀窍。

犹太人密歇尔·福里布尔经营的大陆谷物总公司，能够从一间小食品店发展成为一家世界最大的谷物交易跨国企业，主要因其善于借助先进的通讯科技和善于借助大批懂技术懂经营的高级人才，他不惜成本不断采用世界最先进的通信设备，宁肯付出极高的报酬聘请有真才实学的经营管理人才到公司工作。这样，使其公司信息灵通，操作技巧精通，竞争能力总胜人一筹。他虽然付出了很大代价取得这些优势，但他借助这些力量和智慧赚回的钱远比他支出的大得多，可谓"吃小亏占大便宜"。

洛克菲勒的公司蒸蒸日上，但由于毕竟是白手起家，财力有限，在和一些对手竞争时处于劣势，这样他梦想垄断炼油和销售的计划只能暂时搁置在一边。

经过调查和慎重的分析，洛克菲勒认为，"原料产地的石油公司在需要用铁路的时候就用，不需要的时候就置之不理，十分反复无常，使得铁路经常无生意可做，铁路的运费收入也就非常不稳定。这样，一旦我们与铁路公司订下一个保证日运油量的合约，对铁路方面必是如荒漠甘泉般的及时，那时铁路公司在给我们运输时必定会大打折扣。这打折扣的秘密只有我们和铁路公司知道，这样的话，别的公司在这场运价抗争中必败无疑，那么垄断石油产业界指日可待”。之后，洛克菲勒在两大铁路巨头顾尔德和凡德毕尔特之间经过权衡，选择了贪得无厌的铁路霸主凡德毕尔特作为谈判对象，最后双方终于达成协议：洛克菲勒每天保证运输60车皮的石油，但铁路上必须让20%的折扣。

这样大大减少了石油的运输成本，低廉的价格为洛克菲勒赢得了广阔的市场，大大增加了竞争实力，使洛克菲勒又向控制世界石油市场的宏伟目标迈进了一步。

洛克菲勒在和同行业的竞争中身为弱者，他如果和对手面对面竞争，不一定能够获胜，但他最终巧妙地借助第三者铁路霸主的力量，以低廉的价格挤垮了同行，实现了其小鱼吃大鱼的愿望。

人类自从走上文明之路，便一直在寻求借势借力的办法，杠杆原理便是人类“借”力的一种发明，其后又发现了滑轮的原理。随着时代的前进，人们知道把大小不同的滑轮加以组合就可以用更小的力量举起更重的物体。今天，只要一个人坐在起重机的座垫上，就可以移动几十万斤的钢架、货柜。人类依靠头脑的作用，使人的力量发挥出最大的限度。

在人类一切活动中，任何一项成功的事业，都是运用了滑轮的原理，借助别的力量使自己的能力发挥到最大效果的。所有大企业都有一个共同特长，就是有一种识人的眼光，能够抓住别人的优点，把每一个员工的位置都分配得十分恰当，使每个员工的力量和智慧能淋漓尽致地发挥出来。美国钢铁大王卡耐基曾预先写下这样的墓志铭：“睡在这里的是善于访求比他更聪明者的人。”的确，卡耐基能够从一个铁道工人变成一个钢铁大王，是他能够发掘许多优秀人才为他工作，使他的工作效力增值了成千上万倍的结果。

总而言之，犹太人懂得任何事业都不能一步登天，但“登天”的办法却是多种多样的，办法得当，则可快捷省劲。巧于“借力”，精于“借势”，是成功的一大诀窍。

6. 钱就是钱，绝不分高低贵贱

中国有句俗话："钱字有两戈，伤尽古今人。"此话把钱字的形象表达清楚了，更把它的含义说得淋漓尽致。"戈"是古时的武器，"钱"字是由"金"和两把"戈"组成的，即指"钱"是靠武器维护着或是经过斗争而得来的。为了"钱"，古今中外多少人伤透脑筋，伤尽劳力，伤尽情感；亦有多少人为其折腰婢膝，以灵魂肉体相换；亦有人视"钱"为粪土，绝不沾一切不义之财，绝不为铜臭折腰。

（1）"金钱无姓氏，更无履历表"

犹太人对钱的观念自有所持，特别是犹太商人，他们认为"金钱无姓氏，更无履历表"。他们不像有些国家和民族那样，把钱分为"干净的钱"和"不干净的钱"。他们自信，通过经营赚来的钱，均是心安理得。因此，他们通过千方百计地经营，尽量赚取更多的钱，不管这些钱是农夫出卖了产品得来的，或是赌博赢来的，还是知识分子脑力劳动得来的，都是收之无愧泰然处之。

赚钱有术的犹太人数不胜数，以放债发迹的亚伦便是典型的一例。

这位移居英国的犹太人从打工开始，用积蓄的一点小钱做些小生意。由于生意的扩大，他需要资金周转，不得不向钱庄或银行借钱。他在自己的实践中发觉，向别人借钱的代价确实太高，往往与商业经营获得的利润相差无几。他想自己辛辛苦苦经营全为银行打工，而且风险比银行还大，倒不如自己从事放债业务合算。

几年后，他开始了放债业务。他一边维持小生意经营，一边抽出部分资本贷给急需用钱的人，另外，他又从银行贷来利率相对较低的钱，以较高的利率转贷给别人，从中赚取差额利润。有些等钱应急的生产者或个人，宁愿以月息20%借贷，这样，等于100元放贷1年，可获得240%的回报率，这比投资做买卖更能赚钱。亚伦就是盯着这个赚钱的路子，迅速走上发迹之路的。

以上说明的是犹太人对如何赚钱所持的态度，即不管方式方法如何，只要你肯我愿，就赚之无愧。这或许也是犹太人“能赚钱即为真智慧”的赚钱哲学的体现之一吧！

（2）现金主义者

犹太人赚钱时还有一个较特别的地方，就是遵守现金主义，所谓“赊三不如现二”。有个故事，不无幽默地说明了这一点：

有一位犹太人，病危临终之际，立下遗嘱：

“请将我的财产全部兑换成现金，用这些钱买一张高级的毛毯和床，然后把余下的钱放在我的枕头里面，等我死后再将它们一同放进我的坟墓，我要带这些钱到天国去。”

富翁死后，亲人依遗嘱准备将死者所有财产换得的现金一同埋进他的坟墓，这时，他的一个朋友觉得这样太可惜，就灵机一动，飞快地掏出支票和笔，签下了同等的金额，撕下支票，放入棺材。他轻轻地对死者说：

“伙计，金额与现金相同，你会满意的。”

这则笑话说明了犹太人对现金的偏爱。正如我国的一则俗语所言：“赊三不如现二”，犹太人这种对钱的态度，对我们的现实生活大有参考价值。

犹太人之所以奉行彻底的现钞主义，一方面是因为他们在大流散中可以随身携带现金逃跑，另一方面是因为他们对任何人都不放心，一旦将商品赊出去，拿不回来怎么办？如果马上要逃跑，岂不要白白损失？所以，唯有现钞是安全、可靠和永恒的。

犹太人的现钞主义的生意经，在日常生活及交往中表现得特别明显。总的来说，他们关心的是现金，力求把一切东西都“现金化”，因而他们做生意时力求现金交易，纵然交易的对方，在一年后确能变成亿万富翁，也难保证他明天发生变化。在缤纷复杂的社会中，有谁能知道明天是怎样的？人、社会及自然，每天都在变，只有现金是不变的，这是犹太人的信念，也是犹太教的“神意”。

正因为如此，犹太人对银行存款不感兴趣，银行存款虽然有利息，但利息是微乎其微的，而且利息的增长幅度还不如物价上涨速度快呢！现金虽然没有利息，但因没有银行存款之类的证据，也不需要交纳财产继承税，所以，现金虽然不增加，但也不减少，对于犹太人来说，不减少就是不亏本的最起码条件。

（3）赚钱岂能带成见

在我们考察犹太商人的经商活动时还发现，他们对顾客总是一视同仁，而不带一丝成见。在犹太人看来，因为成见而坏了可以赚钱的生意，简直是太过分了。

犹太人散居世界各地，虽然依地区有美国系及苏俄系之别，但是他们都自视为同胞。无论是住在华盛顿、莫斯科或伦敦等地，犹太人之间都经常保持密切的联系。如居住在瑞士的犹太人，最能利用中立国的特性，同时联络美国的犹太人和俄国的犹太人来从事国际性的交易。

要想赚钱，就得打破既有的成见，这是犹太人经商得出的训示，就像金钱没有肮脏和干净之分似的，犹太人对赚钱的对象也是不加区分的。只要能赚钱，达成生意协议，能从你的手中得到钱，就可以做。在犹太人的脑海里，没有资本主义和共产主义的意识存在。无论是资本主义社会里的犹太人，还是共产主义社会里的犹太人，为了各自共同的目的，他们可以紧密地联系在一起，共同对付外人。在进行贸易往来时，无论你是美国人还是俄国人，无论你是西欧人还是非洲人，只要你和他的这笔交易能给他带来利润率，他就可以和你交易。

犹太人观念中，除了犹太人外，不管是英国人、德国人、法国人或意大利人等，一律被称之为外国人。为了赚钱，不管你是哪一国的外国人，主张何种主义，信仰何种宗教，都是他们交易的对象。他们绝对不会因为对方是共产主义者或者是黑人而放弃一桩能赚钱的生意。

要赚钱，就不要顾虑太多，不能被原来的传统习惯和观念所束缚。要敢于打破旧传统，接受新观念，同样，要想赚钱，也是要打破成见的。试想一想，如果因为对方的思想意识不同，自己在原来成见的作用下，主动放弃了一次赚大钱的机会，岂不是太可惜，太不值得了！我们知道，金钱是没有国籍的，所以，赚钱就不应当区分国籍，为自己圈划赚钱种种限制圈子。犹太人聪明地认识到这点，他们认识得早，所以他们很团结，结合在一起共同赚外国人的钱，这就是他们成功的所在！

犹太人分散在世界各地，如果他们没有上述此种意识，却因为国籍、思想意识形态的制约，而拒绝相互间的联系，他们的力量薄弱，在世界各地又受歧视，那么，他们何以对付这复杂的世界呢？他们还能在商业上取得如此高的荣誉吗？他们能成为当今的金融之王吗？当然不能！

7. 巧妙利用国籍赚钱

在当今世上，任何东西都可以成为商品，包括时间、知识、信息甚至新鲜的空气，干净的天然水。在犹太人看来，商品就是可以通过交易为他们带来利润的任何东西；国籍，这个对大多数人而言多少带有历史和民族认同的东西，在犹太人看来，也不过是一个特殊的商品罢了。通过购买对他们赚钱有利的国籍，他们就可以合法地、堂而皇之地多赚钱。

犹太商人罗恩斯坦就是一个典型的靠国籍致富的人。

罗恩斯坦的国籍是列支敦士登，但他并非生来就是列支敦士登的国民，他的列支敦士登国籍是用钱买来的。他为什么要买此国籍呢？

列支敦士登是处于奥地利和瑞士交界处的一个极小的国家，人口只有19000人，面积157平方公里，这个小国与众不同的特点，就是税金特别低。这一特征对外国商人有极大的吸引力，引起各国商人们的注意。为了赚钱，该国出售国籍，获取该国国籍后，无论有多少收入，只要每年缴纳一定的税款就行了（不分贫富）。

因而，列支敦士登国便成为世界各国有钱人向往的理想国家，他们极想购买该国的国籍，然而，一个小国容纳不下太多的人，所以想买到该国国籍也并不容易。

但是，这难不倒机灵的犹太商人。罗恩斯坦就是购买到列支敦士登国籍的犹太商人之一。他把总公司设在列支敦士登国，办公室却设在纽约。在美国赚钱，却不用交纳美国的各种名目繁杂的税款，只要一年向列支敦士登国交纳少量的税款就足够了。他是个合法逃税者，减少税金，获取更大利润。

罗恩斯坦经营的是“收据公司”，靠收据的买卖，可赚取10%的利润，在他的办公室里，只有他和他的女打字员两个人，打字员每天的工作，是打好发给世界各地服饰用具厂商的申请书和收据，他的公司实质上是斯瓦罗斯基斯公司的代销公司，他本人也可以说是一个代销商。提及斯瓦罗斯基斯公司，便想起罗恩斯坦致富的本钱——美国国籍，下面是罗恩斯坦的一段故事：

达尼尔·斯瓦罗斯基斯家族是奥地利的名门，他们的公司世世代代都生产玻璃制假钻石的服饰用品。精明的罗恩斯坦最初便看准了这家公司。只是时机未到，他只好静静地耐心等候。

第二次世界大战后，斯瓦罗斯基斯公司因在大战期间迫于德军的威力而不得不为其制造望远镜，故法军决定将其接收，当时还是美国人的罗恩斯坦悉知情况后，立即与达尼尔·斯瓦罗斯基斯家族进行交涉：

“我可以和法军交涉，不接收你的公司，交涉成功后，请将贵公司的代销权让给我，直到我死为止，阁下意思如何？”

斯瓦罗斯基斯家族对于犹太人如此精明的条件十分反感，大发雷霆。但经过冷静考虑后，为了自身的利益，只好委曲求全，以保住公司的巨大利益而全部接受了他的条件。

对法国军方，罗恩斯坦充分利用美国是个强国的威力，震住了法军。在斯瓦罗斯基斯接受他的条件后，他马上前往法军司令部，郑重提出申请：

“我是美国人罗恩斯坦，从今天起斯瓦罗斯基斯公司已变成我的财产，请法军不要予以接收。”

法军哑然，因为罗恩斯坦已经是斯瓦罗斯基斯公司的主人，即此公司的财产属于美国人。法军无可奈何，不得不接受罗恩斯坦的申请，放弃了接收的念头。美国人的公司法国是不敢接收的，因为他们惹不起美国。

以后，罗恩斯坦未花一分钱，便设立了斯瓦罗斯基斯公司的“代销公司”，大把地赚取钞票。

罗恩斯坦的致富，是国籍帮了他的大忙，以美国国籍作为发家的本钱，再靠列支敦士登国的国籍逃避大量税收，赚取大钱！

犹太人巧妙利用国籍的本领与他们2000多年饱受歧视，屡遭迫害的流浪漂泊生活不无关系，他们没有自己的家园，没有属于自己的真正情感和文化意义上的国家。所谓的居住国国籍，也不过是他们借以获取一国公民正常拥有的权利的手段之一种罢了。因此，国家不过是一个外在化的手段和工具，那么，利用这个工具来为自己谋取更好的生活，来为自己赚取更多的钞票就自然而然了。在千差万别的各个地方，有的地方犹太人被接受，他们便可以在那里生存发展下去，并可扎下根来施展才华；而在另一些地方，当地的政府对犹太人充满了敌视与仇恨，在那里，犹太人备受歧视和迫害，甚至财产也遭掠夺，在这种地方，犹太人只能逃走，另觅他乡；还有一些地方是经商的天堂，还有一些地方苛捐杂税多如牛毛。在所有的这些地方，都留着犹太人或深或浅的足迹。在这些环境和条件各异的地方，选定何处作为立足点，又选定何处作为自己施展才华的空间，犹太人早已有了自己的经验和本能。而作为商人，天生的商业基因使得他们嗅到了任何可以生财、赚钱的途径。利用国籍来赚钱，自然成了犹太人的生意经。

从犹太人选择国籍的情况可以印证这一点。在“二战”前，全世界1/3的犹太人集中在19个城市，每个城市有10万以上的犹太人，其中纽约有200万，占美国犹太人的一半。1970年世界犹太人约1400万，其中有600万居住在北美，有250万居住在以色列；约75万生活在南美和中美洲国家；约20万居住在南非和澳大利亚；其他在英国、法国、瑞士等西欧国家，可见，美国犹太人最多。从17世纪开始，犹太人便大量移居美国，经过3个多世纪的奋斗与打拼，美国的犹太人终于赢来了体面的生活，也获得了一个公民应有的权利和尊严，而他们在美国经济界大展拳脚，在政界叱咤风云，在知识界尽领风骚，这一切更为他们赢得了威望与尊重。

8. 赚钱要有目标——钱在有钱人手里

稍微懂点经济学的人都知道有一个著名的“洛仑兹”曲线，这个曲线表明了收入分配的格局，即是说：财富不是平均地掌握在人们的手中，而是恰恰相反，拥有收入（财富）的绝大多数的人只占总人口中的一个比较小的比例。比如说：80%的财富被仅仅20%的人口占有，而其余80%的人只占剩下的20%的财富。换句话说：钱在有钱人手里。这或许是一个再简单不过的道理，但真正理解这句话，而且将其运用到商业运作、经营管理中的人却不多。我们经常说：“美国人的财富在犹太人的口袋里”，占美国人口很小比例的犹太人却拥有美国大部分的财富，这正好证明了这个道理。犹太人不仅在美国，还在亚洲的日本、欧洲的一些国家，独占金融界或商界鳌头，百万、千万、亿万富翁大有人在，如果有人问他们何以生财有道，他们会漫不经心地说一句："钱本来就在有钱人手里。"你或许很不满意这个好像不是答案的答案，但是请你千万别误会，犹太人是告诉你一个真理：钱在有钱人手里。所以，我们要赚那些有钱人的钱；这样就可以快赚钱，赚大钱了。

"钱在有钱人手里，赚钱就要赚有钱人的钱"，这是犹太商人智慧的经商哲学，而这一哲学却源自于他们对生活对世界的看法，

这便是"78∶22"法则。

（1）"78∶22"法则与经商

大家都知道，在自然界，空气成分中氮与氧的比例是78∶22；而在我们每个人的身体中，水分与其他物质成分的比例也是78∶22。可见，78∶22是大自然中一个客观的大法则，除了有少许偏差，例如它可以能变成79∶21或78.8∶21.2等，但总的来说，这个大法则是客观的，它规定着宇宙中某些恒定的成分。

再比如正方形和其内切圆的关系，正方形的面积是100，它内部的相切圆面积，则刚好是78.5，即正方形内切圆面积约为78，正方形其余部分面积约为22。因此，正方形内切圆与正方形所余面积比，正和"78∶22"的法则相吻合。

如此说来，"78∶22"法则的确是一个超乎一切的"绝对真理"，它一直在冥冥之中规定着我们的世界，左右着我们的生活。这样一个具有绝对权威、千古不变的真理法则，犹太人理所当然地将它作为经商的基础，依靠这个不变法则的支持，获得世人皆慕的财富。

举一个例子来说，假如有人问，世界上放款的人多，还是借款的人多？一般人都回答说："当然借款的人多。"但是经验丰富的犹太人的回答却恰恰相反，他们会一口咬定："放款人占绝对多数。"实际也正如此，银行总的来说是个借贷机构，它将把从很多人那借来的钱，再转借给少数人，从中牟取利润。而用犹太人的说法，放款人和借款人的比例是78∶22，银行利用这个比例赚钱，绝不吃亏。否则，银行就有破产之虞。

就在“78：22”法则经过犹太人千百次运用，几乎百发百中以后，世界上具有聪明头脑的少数商人也开始感觉到这个法则的魔力。一日本商人就是受这种魔力吸引，把它运用到他的钻石生意上，结果获得了意想不到的成功。

钻石，是一种高级奢侈品，它主要是高收入阶层的专用消费品，一般收入的人是购买不起的。而从统计数字来看，拥有巨大财富，居于高收入阶层的人数比一般人数要少得多。因此，人们都存在这么一个观念：消费者少，利润肯定不高。绝大多数人都不会想到，居于高收入阶层的少数人却持有多数的金钱。换句话说，一般大众和高收入人数比例为78：22。但他们拥有的财富比例却要倒过来22：78。犹太人告诉我们：赚“78”的钱，绝不吃亏！该日本商人就看中了这一点，他把钻石生意的眼光投向占人口比例“22”的有钱人身上，一举取得巨额利润。

20世纪60年代末的冬天，该日本商人抓住时机开始寻找钻石市场。他来到东京的S百货公司，要求借该公司的一席之地推销他的钻石，但是该公司根本不理他那套：“这简直是乱来，现在正值年末，即使是财主，他们也不会来的，我们不冒这种不必要的风险。”断然拒绝了他的请求。

但他并不气馁，坚持以“78：22”这条万无一失的法则来说服S公司，最后取得该公司一角：郊区M店。M店远离闹市，顾客很少，生意条件不利，但该日本商人对此并不过分忧虑。钻石毕竟是高级的奢侈品，是少数有钱人的消费品，生意的着眼点首先得抓住财主，不能让他们漏网，以赚取占有“78”的人的钱。当时S百货公司曾满不在意地说：“钻石生意一天最多能卖2000万日元就算不错了。”该日本商人立即反驳：“不，我可卖到2亿日元给你们看。”这在一般人看来，无疑是狂人的说法了。但该日本商人胸有成竹地说出这句话来，无疑是源于“78：22”法则的信心。

事实上，“78：22”法则的魔力很快就显示出来了。首先，在地利不利的M店，取得了一天6000万日元的好利润，大大突破一般人认为的500万日元的效益估量。当时正值年关贱价大拍卖，吸引了大量顾客，该日本商人就利用这个机会，和纽约的珠宝店联络，运寄来各式大小钻石，几乎都被抢购一空。接着，该日本商人又在东京郊区及四周分别设立推销点推销钻石，生意极佳。

这样到了1971年2月，销售额超过了2亿日元，该日本商人实现了曾许下的狂言。

钻石生意成功了，奥秘在哪里？就在于“78：22”法则。S百货公司对此有过怀疑，他们认为钻石商品就好比美国凯迪拉克牌或林肯牌豪华小轿车，国人能够购买的很少，因此销路一定不好。而该钻石商人却不这么想，他把钻石看成稍微高级的国产小轿车，是有钱的或稍微有钱的人都买得起的奢侈品，这一部分人虽占全国人口的少数，却占有全国金钱的多数，赚这部分的人的钱，效益必定很高。

这正是犹太人“78：22”经商法则的最好运用。这或许也解释了犹太人坚决反对“薄利多销”的原因——尽管买的人相对较少，但他们出得起高价，单位商品的价差就高，这样比“薄利多销”更赚钱！

（2）靠有钱人来引领消费

犹太商人利用这个法则不但赚到了有钱人的钱，而且也通过有钱人来引领人们的消费。

我们知道，要使某种商品流行起来，最重要的是先让它在那些有钱人当中流行，特别是对那些比较昂贵的奢侈品更是这样。一种商品，当它在有钱人中流行时，就会在一般老百姓中形成一种示范效应。这好比中国明清时代的蛐蛐热、斗鸡热，刚开始，也就是有钱人的公子哥或皇族的少爷小姐们的爱好，后来便有一些稍微有点钱，一心向阔少们看齐的较普通的大众竞相效尤，最后便在普通的百姓中流行起来了。“人往高处走，水往低处流”，一般人都是羡慕上流社会，且愿意与上流社会接近，上流社会流行的衣饰、运动、口味风格无疑对一般人有很大影响，尤其对女性、少男少女影响更甚，他们总会去赶潮流，竞相模仿。犹太人深谙此道，并以此来操纵流行趋势。比如犹太富豪罗斯柴尔德的发迹，就是利用古钱币让其先在上流社会中流行起来，然后再普及到大众中间；此外，日本的汉堡大王藤田的发迹史也体现了这一点。

藤田先生不仅靠汉堡包大发其财，而且还做女人和小孩的生意，如钻石、时装、高级手提包、玩具等。在经营过程中，他首先把对象放在上流社会中有钱人的流行趋势上，无论是钻石的花样，服饰的色彩还是手提包的样式都是按照有钱人的喜好特制的。结果，他的商品不仅畅销，而且20年来经久不衰，从未发生过“流血大拍卖”的事。当然，藤田先生之所以能战胜竞争对手，还在于他善于从实际出发，灵活多变，绝不是只知道选购在欧美最风行的服饰，因为欧美的服饰只适合那些金发碧眼、身材修长的欧美姑娘，而日本的妇女黄皮肤、黑头发、个子矮小，和那些服饰很难和谐。有钱的人，即使钱再多，也不会拿钱去买不适合自己的东西。所以，那些只知其一不知其二的商人们，虽然片面地赶上了有钱人的时髦，但不具体问题具体分析，恐怕最终还免不了亏本。藤田先生的成功，以及被称之为“银座的犹太人”，恐怕与他灵活地运用犹太生意经有很大关系。

现代市场瞬息万变，能够把握住流行时尚，无疑就握住了赚钱的尚方宝剑。但把握一种流行趋势谈何容易，犹太人从有钱人下手的商业策略真值得我们学习和借鉴。关注有钱人的流行趋势，从而引领有钱人的流行时尚，再加上仔细分析研究市场，商家就可以赶上潮流，甚至超前于潮流，这样就把握了主动，赚钱就是水到渠成的事了。

9. 瞄准两大财源：女人和嘴巴

现代社会，什么东西都可以成为商品，可谓“商机无限”，但做生意总有个利润厚薄之分，也有个“长短线”的问题，有的商品可能很好销，但利润率却很低，而有的商品可能销路不是很广，但其利润率很高。同样，有的东西只在特定的环境和时间才有的赚，而有的东西无论什么时候都赚钱。我们总想知道究竟什么东西最能赚到钱，当大多数商人还在摸索总结的时候，犹太人却早已把商品分了类，他们认为：不管过去、现在还是将来，“女人”和“嘴巴”是最能赚钱的商品。“女人”生意和“嘴巴”生意无疑是犹太生意经中最耀眼的部分。

犹太人的经验告诉我们：男人工作赚钱，女人使用男人所赚的钱。如果想赚钱，就必须先攻击女人，夺取女人所持有的钱，那就等于男人工作所赚的钱都流入了商人的腰包。因此，女人首先是赚钱的商品。

人类生活中，最重要的莫过于吃，只有吃进去，人体吸收营养，才能得以生存，从而社会得到繁荣，这是很简单的道理，犹太人就是抓住了这个人人都懂、十分简单的道理来寻找赚钱的机会。经过几千年的反复实验，总结“嘴巴”也是最能赚钱的商品之一。

（1）“女人”是第一商品

人类自从有历史以来，世界就分为两半，一半是属于男人的，另一半是属于女人的。开始时，男女同工同酬，人类经历了一段原始共产主义的同一历史后，社会开始慢慢进化，工作成了男人的主要任务，而女人则逐渐与工作脱离而主持家务，自由分配男人所赚的钱。这样世界上的金钱，几乎都集中到女人手中，眼明手快的犹太商人很快洞察到了这一点，提出了“瞄准女人”的口号，用他们的话来说，“瞄准女人”，夺取女人所持有的金钱，就等于赚取了男人工作所赚的钱。“女人”不仅是赚钱的商品，而且是赚钱的“第一商品”。

自认为有常人之上经商才能的人，如果瞄准了“女人”这个第一商品，财源必定会滚滚而来，反之，如果经商者想席卷男人的钱，拼命“瞄准男人”，这笔生意则注定会失败。因为男人的任务是赚钱，能赚钱并不意味持有钱，持有钱、消费金钱的权限在“女人”。

因此，犹太人告诉我们，做“女人”的生意，绝对没错。不管是闪光夺目的钻石，豪华的女用礼服、戒指、别针及项链、耳环等服饰用品，还是女式高级日用皮包等商品，都附有相当的利润，等待着商人去亲近它。商人只要稍稍运用聪明的头脑，抓住时机，以“女人”为对象来赚钱，大沓大沓的钞票必定会自动进入商人的皮包。

世界最有名的高级百货公司“梅西”公司是犹太人施特劳斯亲手创办起来的。施特劳斯从当童工开始，后来当了小商店的店员，他在打工生涯中注意到，顾客中多为女性，即使有男士陪着女性来购物，决定购买权大都在女性。

施特劳斯根据自己的观察和分析，认为做生意盯着女性市场前景更光明。当他积累了一点资本而自己经营小商店“梅西”时，就是以经营女性时装、手袋、化妆品开始的。经过几年经营后，果然生意兴旺，利润甚丰。他继续沿着这个方向，加大力度，扩大规模，使公司的营业额迅速增长。施特劳斯总结了自己的经营经验，接着开展钻石、金银首饰等名贵产品的经营。他在纽约的“梅西”百货公司，总共6层展销铺面，展卖时装的（绝大都是女性的）占两层，展卖钻石、金银首饰的占一层，展卖化妆品的占一层，其他两层是展卖综合的各类商品。可见，女性商品在“梅西”公司占了绝大多数。施特劳斯经过30多年的经营，把一间小商店办成世界一流的大公司，显然与其选择的女性目标市场定位有很大关系。

另外，让我们再看看钻石市场。人们都知道，南非是世界最主要的钻石原料产地，而世界最大的钻石产品加工市场却在以色列。以色列不出产钻石，却成为世界最大的钻石加工地，这是很值人们深思的。以色列的犹太商人慧眼独到，他们知道钻石经营加工后显得华丽名贵，能博取世界女性的欢心和仰慕。而当今世界大多数国家和地区的民族，虽然是男性掌权掌家，但他们中有的把自己赚来的钱交由妻子管理，有的虽然自己掌握财权，但为了显示自己对妻子或女友的爱，不惜代价让她们随意花钱，以讨个欢心。以色列的犹太商人据此不惜投资大办钻石加工工业，从南非等地进口原料。

以色列钻石交易有限公司经过40多年的经营，从无到有，从小到大，从国内经营到跨国经营，今天已成为世界最大最著名的钻石加工企业，其加工的钻石占世界总加工量的60%，年经营额40多亿美元。

（2）“嘴巴生意”

犹太商人发迹的另一财源，就是人类的嘴巴。可以说，嘴巴是消耗的无底洞，地球上当今有60多亿个“无底洞”，其市场潜力非常大。为此，犹太商人设法经营凡是能够经过嘴巴的商品的销售，如粮店、食品店、鱼店、肉店、水果店、蔬菜店、餐厅、咖啡馆、酒吧、俱乐部等，举不胜举。毫不夸张地说，只要能进入嘴巴的东西，哪怕毒品、鸦片、白粉也都经营，因为这些行当能赚钱。

犹太人认为，入口的东西要消化和排泄，1美元一支冰激凌，10美元一份牛排，进入人的口几小时后，都会化作废物排泄掉。如此不断地循环消耗，新的需求不断产生，商人可以从经营中不断赚到钱。当然，经营食品不如经营女性用品见利快，为此犹太生意经中把女性商品列为“第一商品”，而把食品列为“第二商品”。而从事“第一商品”经营的犹太人比经营“第二商品”的多。犹太人自诩比华人更具有经商才干，依据就是华人经营“第二商品”者居多。

当然，任何一种生意，要想做好它，光生搬硬套生意常规还是不够的，它还需要具有聪明的头脑和深邃的洞察力。“嘴巴”生意也不例外。下面的一个日本人经营肉馅面包生意取得成功的例子刚好证明了这一点。

该日本人是大阪人，现今有名的大富翁，也是日本肉馅面包店的创始人。20世纪70年代初，他与美国麦当劳公司合作，向日本人提供价廉物美的肉馅面包。

刚开始经营的时候，日本的商人都笑话他，认为在习惯于食大米的日本推销肉馅面包，无疑是自找死胡同钻，绝不可能有市场。但他不这么认为，他看到日本人体质弱，身材矮小，这可能同食大米有关，同时他又看到，美国的肉馅面包店的效应正向全世界辐射。基于这两点，该日本商人认为，同样是“嘴巴”的商品，在美国能畅销，在日本为什么不可能？再说，按照犹太人的观点，“嘴巴”生意绝对赚钱，他只要经营得法，为什么不可以获取利润？

凭着这些信念，该日本商人的肉馅面包店开业了。不出所料，开业的第一天，顾客爆满，利润还大大超过该日本商人原来想象的程度。以后利润日日升高，一连用坏了几台世界最先进的面包机器，还是满足不了顾客的消费需求，该日本商人利用肉馅面包即利用“嘴巴”生意发了大财！

（3）直接靠女人赚钱——亦非歪道

美国《花花公子》杂志社的创始人赫夫纳的发迹便是靠的“女人”这一商品。

赫夫纳生于美国芝加哥的一个犹太小康之家。他从小聪明顽皮，不喜欢学习，是一个功课较差的学生。

1944年，赫夫纳中学毕业。时值“二战”，赫夫纳便响应政府号召欣然应征入伍。

1945年“二战”结束，赫夫纳复员回家。由于他持有军方的推荐信，按照政府的规定，他有权优先进入大学。大学期间，他读到了一篇当时轰动美国的关于女性性行为的文章，使他对该领域发生了浓厚的研究兴趣。这成为他日后创办《花花公子》杂志的推动力之一。

大学毕业后，赫夫纳先后在芝加哥的一家漫画杂志和畅销杂志社工作过。但他老觉得自己做一名小小的记者未免有点大材小用，而且薪水也低，因此他来到总编辑的办公室，提出自己的要求：

“请总编每月给我增加40美元的薪水。”

“哼！像你这样的水平，值那么多钱吗？”

总编对这个自命不凡的小记者不屑一顾，不由自主地狠狠揶揄了他一番。

赫夫纳受辱后大为恼火，毅然辞职。

不想这辞职正使赫夫纳大展其才，他凭借以前在杂志社工作的经验，并且以他犀利的眼光洞悉出经营“女人”商品大有潜力，便费尽九牛二虎之力向父亲和弟弟及银行贷款凑足1万美元，创办了《花花公子》杂志。

赫夫纳深知，第一期杂志的成败与否是他关键的一环，头炮打响，他可以一鸣惊人；头炮打哑，杂志无人问津，他就很难再有资金去出版第二期。他精心策划第一期的内容，又以好莱坞性感明星玛丽莲·梦露的写真照片作为封面，同时在正文还插入了梦露的数页半裸照片。1953年11月，第一期《花花公子》上市了，赫夫纳本人做梦也没想到，一下子“洛阳纸贵”，许多读者为了一睹梦露的芳容，对《花花公子》形成抢购之势。这不仅使赫夫纳一直悬着的心一下子落了地，而且使他大喜过望。

一个月后，赫夫纳就销售了5万多本杂志，并在第一次的印数上增加了近1倍的印数，这不仅使赫夫纳收回了全部投资，而且使他一夜成名，一下子成了闻名遐迩的老板。

最初几期《花花公子》主要采用梦露及一些其他性感明星的写真照片作封面和插页，随着销售量的急剧增大（1954年的销售量已达到17. 5万份），杂志社已经有了一定的资金积累。于是，赫夫纳开始聘请模特儿拍照片，拿这些活生生的形象作为杂志新栏目的内容，彩色精印，令读者耳目一新。此外，为了扩大广告宣传，赫夫纳还在芝加哥及全国各地开设《花花公子》俱乐部，甄选貌美而性感的女郎化装成兔宝宝（Playboy），招摇过市，杂志销量再一次大增。

之后，《花花公子》还开设了一个叫“小家碧玉”的新栏目。这个栏目玉照上的女孩一律是纯情少女，杂志的销量再一次增加。

《花花公子》大肆登出许多性感明星的艳照，并同时为“性爱非罪恶”而疾呼后，引起巨大社会反响，人们褒贬不一。但当《花花公子》在杂志上提出反对保守，支持堕胎合法化等许多新观点后，却获得社会一致赞扬，被誉为“开放”的象征。

现在，《花花公子》不但成了一本风靡全球的著名杂志，而且“花花公子”这个品牌也成了世界著名的品牌之一。

10. 从小投资发展，跃入上层社会

19世纪末20世纪初，犹太人踏上北美大陆时，大多穷困潦倒，一贫如洗。在1899年到达美国的移民平均身带22. 78美元，而犹太人平均只带20. 43美元，低于均值；1900年上岸的移民平均身带15美元，而其中犹太人只带9美元。

贫穷的犹太人的唯一办法是投资10美元，成为流动的街头小商小贩。他们用5美元办执照，1美元买篮子，剩下4美元办货。赫赫有名的大家族，如戈德曼、莱曼、洛布、萨斯和库恩家族等，都是从沿街叫卖的小本经营发迹起来的。这种发家致富的途径和方式，对犹太人而言其实是轻车熟路。

几代人的工夫，美国犹太人的形象大变。作为一个群体，美国犹太人已争取到了更高的生活水准和收入，在这个富裕的社会中，犹太人是富中之富。从职业上看，美国犹太人除商业、金融业外，也大多从事“白领”职业，如律师、医生。

20世纪70年代初，美国犹太联合会和福利基金联合会所做的“全国犹太人口研究”表明，犹太家庭平均收入为12630美元；而同期的美国家庭平均值为9867美元，达到家庭平均收入水准的犹太人要比美国人的收入高28%以上。如果同其他民族群体做一比较的话，差异更是惊人的：犹太家庭平均收入为12630美元，波多黎各人为4969美元，黑人为5074美元，墨西哥人为5488美元，爱尔兰人为8127美元，意大利人为8808美元。这5个民族群体的家庭平均收入为6493美元。换言之，他们一年赚的钱，差不多只及犹太人的一半！

1974年犹太人家庭平均收入是13340美元，而白种人中非犹太族的全

国平均值只有9953美元，前者比后者高出34%。同其他民族和宗教群体相比，天主教徒家庭为11374美元，圣公会为11032美元，长老会为11097美元，卫理公会为10103美元，路德教为9702美元，浸礼会为8693美元。犹太人比其他教派的教徒平均要多出3000美元。

美国犹太人由于其可观的收入，已稳步步入上层阶级。在1972年5300万个美国家庭中，有1300万个家庭可看作上层阶级，而其中的200万个犹太家庭中，则有一半属于中上层阶级。犹太人只占美国人口的2. 7%，但在美国中上层阶级中，犹太人已高达7%。

从职业分布上看，犹太人大多从事着较“体面”的职业。据估计，在美国的50万个律师中有10万个以上是犹太人。人们常说：“去请一个犹太律师，他会帮你摆脱困境的。”犹太律师相对于非犹太律师具有不可与之匹敌的威力和能力。

医生是一个“体面”且收入高的职业。全美大约有21万私人开业的医生，其中犹太人占3万，大约是14%。

犹太人的经济能量非同一般。

在犹太人的历史上，不管环境多么恶劣，道路多么艰难，犹太人总能成功地步入经济上的上层阶级，这似乎已成为犹太人的民族习惯。其中，他们巧妙的做法是，从小投资发展，跃入上层。

这就是他们从经济入手获取社会地位的生存技巧和智慧。

11. 为钱走四方，天马行空

犹太人长期没有国家，这使他们生来就是世界公民；犹太商人没有固定的市场，这使他们生来就是世界商人。

最早聚居在迦南时，犹太人借地利之优势，或倒买倒卖、或长途贩运。到所罗门王时期，犹太人就有自己的贸易船队和国家舰队，他们远征印度，从那里运回黄金和象牙、檀香木和宝石、猴子和孔雀。

大流散之后，犹太人被迫完全地进入了国际贸易的世界市场。在各国统治者的驱赶追逐中，犹太人匆匆奔波，他们学会了机智灵敏地对付各种突发的生活和生意变故，他们熟悉了世界各地的市场行情，他们结交了天南海北的贸易伙伴。

犹太人是一个重视契约的民族，他们很早就有严密的交易规则和周详的交易律法，这使他们能跨越国界、跨越民族，游刃有余地穿行于各国市场。精明的犹太人与此同时还不忘熟读各驻在国的商业法规和法令，找出其漏洞，或找出对从事某项交易有利的规章，以便精研对策，从中牟利。这样，犹太人是大大方方地钻漏洞，正正经经地赚钱。

伊斯兰教兴起后，由于宗教信仰的区别和宗教狂热，伊斯兰世界和基督教世界开始了长期的敌视和对抗，使欧亚非之间的贸易中断。东、西方商人由于宗教、文化樊篱而难以打入对方世界。而失去了祖国的犹太人却从中攫取着每一个天赐良机。

犹太商人声东击西、转战南北，广为联系，做成了一笔又一笔的大贸易。伊斯兰世界和基督教世界互相仇视，而犹太人则独立于这种对峙之外。意识形态不中立，但金钱是中立的。只要和犹太人做生意，谁都是朋友。这是犹太人为钱走四方的经商准则之一。

为钱走四方是犹太人天生的特性。他们不仅自己天马行空四处奔游，贩进卖出，同时还鼓励别人这么做。

有人说犹太商人对世界市场形成的最伟大贡献，是美洲新大陆的发现。而新大陆的发现却是因为犹太人为钱而“走”的结果。

新大陆发现后不久，就有犹太人移居，成为最早的殖民者之一。一个世纪后，犹太人就控制了新大陆殖民地的贸易，绝大部分的进出口都掌握在他们手中。犹太人将殖民地的原材料运往欧洲大陆，又将欧洲的工业成品运往殖民地，从中赚取高额利润。后来，犹太人甚至还投身于臭名昭著的奴隶贸易。

总之，犹太人对资本主义世界市场的开拓和形成做出了卓越贡献，而这却是源于犹太人为钱走四方的特性！

资本主义世界市场形成后，犹太人已不满足于小打小闹了。他们四处行走，贩布帛，卖珍珠，做四方的生意，赚取八方的钱财。

当今世界，商场如战场，而犹太人总能胜人一筹。他们在商业上的成功往往出现于最出人意料的地方：从威士忌到鸟食，从唇膏到谷物交易，从国防合同到地板覆盖物，从稀有金属到式样服装，从临时性人事代理到光电复印，从计算机硬件到计算机软件，从旅馆到奶酪饼……不管何时何地，犹太人总能在世界商场上独辟蹊径、出奇制胜。因此，美国人说，美国人的钱在犹太人口袋里。

一个关于犹太人的经济神话说：犹太人控制着社区的、国家的，还有全世界的银行、货币供应、经济和商业。犹太人是真正的具有世界水平的商人。

12. 白手起家的七大秘诀

据称，在古代的巴比伦城里，有一位犹太富翁亚凯德，其为人宽厚，乐善好施，所以闻名遐迩。

一次，有位大臣向国王建议，希望富翁亚凯德能向市民们传授赚钱秘诀，国王欣然同意。亚凯德应承了国王的要求，开设了一个100人的“致富培训班”。在讲习班上，亚凯德说：

“因为我是国王的一位忠实子民，我为表示对国王效忠而向诸位传授发财秘诀。

“我用最谦恭的方法开始我的赚钱生涯，我当时一点儿依靠也没有，和你们、和巴比伦城的其他市民一样毫无享受。

“我的第一个囤积金钱的仓库，就是一个破烂不堪的钱包，常常为着空钱包发愁，因为我要使它变得饱满，所以拼命追求发财秘诀，终于让我找到七个发财秘诀。

“坐在我面前的各位先生，我要将这些发财秘诀介绍给各位。希望每位想发财的人都能获得这些秘诀。

“我用很简单的方法教你们如何发财，这种简单方法是打开财库大门之锁的钥匙，否则你们就不能走进财库。

“现在让我们来讨论第一个发财秘诀。”

（1）使空钱包装满钱

亚凯德问坐在第一排的一个人：“朋友，你是干哪一行业的？”

那人回答：“我是一位文书员，在泥版上面刻制各种记录。”

“我以前也是靠这种工作赚进第一批金钱，因此，我认为你的赚钱命运和我相同。”亚凯德面向另一位红脸的人继续问下去，“请你告诉我，除了刻制记录以外，你还有什么其他谋生方法吗？”

“我是一位屠夫，我购买农人喂养的山羊，把羊宰后将肉卖给家庭主妇们，把皮卖给鞋匠。”

“因为你会工作，当然你会赚钱，所以你会利用使你发财的每个大好机会。”

亚凯德使用这种问答方式，以便了解每个人的谋生方法，当结束这种提问以后，他说：“各位同学，现在你们知道谋生的工作有很多，赚钱的行业也不少。赚钱的方法就是金钱的来源，做完一件工作你的钱包里就多一份财富。由此可见各位钱包里涌进的金钱是和各位的赚钱本领有密切关系的，你们说对不对？”

同学们都异口同声地赞成他的说法。

“那么，”亚凯德继续说，“假使各位希望发财，同时又把赚得的金钱胡乱花掉，像这样的乱用金钱岂不太愚笨吗？”

学生们都认为他说的很对。

于是亚凯德转向一位自称卖蛋的人说：“假使你每天早上收进10个蛋放到蛋篮里，每天晚上你从蛋篮里取出9个蛋，其结果如何呢？”

“时间久了，蛋篮就要满溢啦。”

“这是什么道理？”

“因为我每天放进的蛋数比取出的蛋数多一个呀。”

“好啦，”亚凯德继续说，“现在我向各位介绍发财的第一个秘诀，你们要照我告诉蛋商的发财秘诀去做。因为你把10块钱收进钱包里，但你只取出9块钱作为费用，这表示你的钱包已经开始膨胀，当你觉得手中钱包重量增加时，你的心灵中一定有满足感。”

（2）控制花钱的欲望

“你们有人向我提出这个问题，”他说，“如果一个人的全部收入还不够必要的支出，他如何能够留下十分之一的金钱作为储蓄呢？”这就是亚凯德第二天上课时向学生们所说的话。

“昨天带着空钱包来上课的人有哪几位同学？”

“我们全体同学。”全班学生们齐声回答。

“可是，你们的收入也未必完全相同，有些人收入较多，有些人收入较少，有些人家庭负担较重，有些人家庭负担较轻，但有一个共同之处：大家的钱包都是空的。我现在要提出一个我们和我们的儿子都要遵守的发财秘诀，那就是：不要让我们的‘支出’超过我们的收入，如果‘支出’超过收入便是不正常的现象。

“不要把支出和各种欲望搅在一起。各位的家庭都有不同的欲望，可是这些欲望是各位的收入所不能满足的，因此，你不可把你的收入花在不能满足的欲望上面，因为许多欲望是永远不能满足的。

“人常为不能满足的欲望所愁苦。你们以为我有这么多的金钱，一定就可以满足每个人的欲望了吗？这种思想是不正确的，我的时间有限，我的精力有限，我能到达的路程也有限，我吃进胃里的食物也有限，而且我的享乐范围也有限。

“你们要仔细研讨现在所过的生活，你们认为有些是必要的支出了，但经过明智思考之后便会觉得可以把支出减少，也许觉得可以把它取消。你们要把这句话当作格言：花出一块钱，就要发挥100%的一块钱功效。

“因此，当你在泥版上面刻制法典准备换取支出费用的时候。你要根据90%支出、10%储蓄原则，慎重使用收入购买必需品以及可能需要的物品。把不必要的东西全都删除。认为那是无穷欲望的一部分，而且不可反悔。

“预算的用途是帮助你发财，是帮助你获得一切必需品，如果你还有其他愿望的话，预算也可能帮助你达成这些愿望。唯有预算才会使你摒弃不正确的欲望，而实现最渴求的愿望。黑洞中的明灯，它会照亮你的眼睛使你看清黑洞的真正情况，预算就好像那盏明灯，它会照出你钱包中的漏洞，使你知道缝补漏洞，使你知道控制支出，把金钱用在正当的事物方面。

“由这一点看来，发财的第二个秘诀。就是一切费用须有预算。预算使你有钱购买必需品，预算使你有钱得到应得的享受，预算使你实现正当愿望而不至于动用10%的储蓄金钱。”

（3）以钱赚钱术

“各位同学，让我告诉你，一个人的财富不是放在随身携带的钱包里面，而是在他经营事业所得到的收入，收入才是一个人的金钱来源，才是增大财富的源泉。每个人都希望有收入，在座的各位同学当然也希望有收入，而且不论自己做工或者旅行都有源源不断的收入。

“我曾得到一笔庞大的收入，由于数字太庞大了，因此人家把我称为大富翁。我把金钱借给亚格尔是我学习有利投资的开始，从经验中得到智慧，当我本钱增多了，我就扩大贷款和投资范围，起初是和少数人打交道，随后便和更多的人打交道，金钱就像潮水一般流进我的钱包里面，我只要有了明智的决策，就有金钱来支持这项用途，真是得心应手，无往不利。

“各位已经知道，我是从微薄的收入开始获得庞大的金钱奴隶，每个金钱奴隶都为我做工，替我赚进更多的金钱；因为这些金钱奴隶本身会替我做工赚钱，它们的儿子、它们的孙子，它们的子子孙孙都做我的赚钱奴隶，它们赚得的总和便构成我的庞大收入。

“那么，第三个发财秘诀就是叫每块钱替你做工。金钱好比田野中的羊群，不断地替你生出小羊，使你的钱包里源源有金钱流进，使你得到连绵不断的收入。”

（4）看紧自己的钱包

“金钱容易发生意外，任何人的钱包都要留心看着。否则就要损失金钱。先要学会看管少数金钱，然后才可以管理更多金钱，这是最聪明的提防财物损失的办法。

“当似乎可以获得大批金钱的投资机会出现时，每位有钱的人莫不蠢蠢欲动，为那大笔利润所迷惑。有些时候，那些热衷于投资事业的亲戚和朋友，也会劝你参加那种投资。

“本金有安全保障的投资才是第一流的投资原则，为求高利而丧失本金的投资事业，难道是聪明的投资方法吗？我可以告诉你，这绝不是聪明的投资方法，冒险的结果可能就是损失。先要仔细研究分析，当你深信绝无冒险成分存在的时候，才可以拿出部分金钱来做资本。不要被急于发财的心情所蒙蔽，以致做那毫无把握的投资。

“先要考虑借钱人的偿还能力，他的商业信誉如何，认为确实没有冒险成分存在时，才可以把钱借给他；否则，你等于把辛苦赚得的金钱当作礼物送给他了。

“你先要看清某种投资事业的四周是否潜伏着冒险，如果没有冒险成分存在，你才可以决心投下资本。

“最重要的事情，就是你们千万不要把赚满的钱包又变成空钱包。因此，第四个发财秘诀就是：投资一定要安全可靠，必要时须能收回资本，同时还可获得一定的利润，这样才不会丧失财富；要向有经验的聪明人请教，听从有发财经验的人劝告，对于不安全的投资事业，你要运用理智，以免损失金钱。”

（5）拥有自己的住宅

“假使某一个人能把全部收入的90%用作生活和娱乐费用，同时，假使他在不影响生活的条件下，能把90%生活费用中的任何一部分用于有利投资事业方面，那么他的发财目标一定可以加速实现的。”上面这段话，就是亚凯德第五天上课时的开场白。

“许许多多巴比伦人的家庭都住着不相称的房屋，家庭主妇找不到一块土地栽种心爱的花朵，孩子找不到合适的地方游戏，只好在肮脏的小巷里胡闹；因为他们要向房东缴纳大量的房租，哪有余钱兴建自己的住宅。

“一个人的家园须有充足的土地，使孩子有干净的场地可以游戏，使主妇不但有地方栽植花草，而且有地方种植食用的新鲜蔬菜，这样的家庭才有甜蜜的生活乐趣。

“有坚定发财意志的人，一定有能力建立属于自己的家庭。我们的大王花费许多钱买进这么多的土地，又用巴比伦城墙围绕这块土地，难道大王这样的作为不妥当吗？

“我还要告诉各位同学，放债的财主都乐意帮助借钱成家立业的人，只要你们拿出自己准备盖房的少许金钱给财主们看，他们一定肯借给你支付砖瓦匠和泥水匠所需的金钱。

“把房屋盖好以后，你们可以按照支付房东房租的类似办法去偿还财主的借款，你偿还一次，你的债务就减少一些，只要经过若干年以后，你就不会再欠放债人的债款。

“到了这个时候，你的心中一定充满了喜乐，因为你已成为有价值产业的主人翁，你所应支出的只是国王的税金。

“照这样看起来，一个人有了自己的住宅以后，才会享受美满的家庭生活，才会大大节省生活费用，才会得到收入所带来的乐趣，也才会达到自己的愿望。因此，第五个发财秘诀就是拥有属于自己的住宅。”

（6）为将来的收入打算

“每一个人都有从小到老的一生，这是人生必经的过程，任何人都不能例外，唯有上帝与人不同。因此，我要告诉各位同学，当一个人年纪增大时就要为将来的日子准备一些必要收入，当一个人自己觉得与家人相聚时间不太久的时候，就要做使家人舒适的安排。

“明白赚钱原则和知道发财道理的人，就应该为将来的岁月打算：应该向长期可靠的投资事业投下资金，且须确信在预定时间可以收回这笔资金，如此投资才算妥当。

“现在，我要劝告各位同学，你要妥善运用一切方法，趁着年轻力壮可以赚钱的大好时光，尽量赚钱，多多发财。因为贫穷对于老年人，以及对于没有家长的家庭都是十分悲痛的事情呀！

“那么，第六个发财秘诀就是，为了防老和养家，你该尽早准备必需的金钱。”

（7）增强发财的能力

“人须先有希望而后才会有成功。各位同学的希望必须坚定不移，而且必须具体可行。不是坚决的希望，就会变成没有结果的欲望，因为意志不坚定的人不会有多大成就。一个人如有赚取5块钱的欲望，这个欲望是应该努力实现的，当他实现这个欲望以后，就有力量去实现赚取10块钱的欲望，依此类推，他就能赚取20块钱……1000块钱……如此持续下去，他就能够成为富翁。这是什么道理呢？因为赚小钱使他得到赚大钱的发财经验，而且财富是日积月累逐渐形成的，先是储蓄少数金钱，再过一些时间就变成数目较大的金钱，然后等你赚钱本领增大的时候，你的财富也就随之增大了。

“我们赚钱的本领愈大，我们赚得的金钱也就愈多；一心一意追求工作技艺的人，他的工作报酬也就增多；如果他是一位工匠，他就应该学习技术精良同行的做工方法，以及学习使用同行的做工工具；如果他是学法律的律师或是学看病的医生，他就应该向同行请教，以及和同行交换工作经验；如果他是商人，他就应该不断地寻求更好的商品，而且能用较低代价买到较佳商品。

“人和事是经常变动的，你必须经常充实自己的学识和才能，有远大眼光的人常会吸取更多的发财本领，因为赚取金钱完全依赖丰富的发财本领。由此观之，我要奉劝各位同学，你们必须眼观前方，而且不可停止前进，否则就要成为时代的落伍者。

“由此观之，第七个发财秘诀就是培养自己的力量，从学习中获得更多的智慧，使自己的技能不断提高，这样你就有自信，信任自己可以达成自己的期望。

“各位同学，巴比伦的金钱还多得很呢，连你们做梦也没想到有那么多，这些钱正等候你们去赚取。

“各位同学，努力前进，把你们学会的发财秘诀转告全体的老百姓，使他们都能分享巴比伦市的大量财富。”